鬼時短─電通で「残業60%減、成果はアップ」を実現した8鉄則 i p s u m

鬼速縮時

砍掉60%超時工作，

世界最大廣告公司電通實戰 8 鐵則，
打造極速高效團隊！

Augmentation Bridge顧問公司社長
前電通勞動環境改革本部長 小柳肇—著 黃怡菁—譯

方舟文化

鐵則1　管理者應該以「私心」訴求

鐵則2 理解基層反抗的「真正原因」

鐵則3　基層的「頭兒」由社長親自說服

鐵則4 肯定基層的「一切」

鐵則5　老闆要承擔處理「所有」的問題

鐵則6 不談改革的「本質價值」

鐵則7 用「結果」獲得認同

鐵則8 不要讓「內部控制」成為藉口

「鬼速縮時」八鐵則

為了不被社會淘汰，這是你與你的公司必須踏出的關鍵第一步。

鬼速縮時的「注意事項」

<table>
<tr><th colspan="2">鐵則 1　管理者應該以「私心」為訴求</th></tr>
<tr><th>該做的事</th><th>注意事項</th></tr>
<tr><td rowspan="3">「打從心底」渴望進行改革</td><td>問自己是否真心希望公司改變？</td></tr>
<tr><td>你是否認為會有一大部分的員工無法跟進，也是無可奈何？</td></tr>
<tr><td>是否有將管理者「誠實的欲望」傳達給員工了？</td></tr>
<tr><td rowspan="2">反覆傳達訊息</td><td>有沒有透過各種機會傳達自己一貫的訊息？</td></tr>
<tr><td>有沒有針對不同的對象及狀況來進行調整？</td></tr>
<tr><td rowspan="3">封殺「陽奉陰違」</td><td>是否有要求員工不可陽奉陰違？</td></tr>
<tr><td>面對高層幹部的陽奉陰違，你能夠用堅定的態度應對嗎？</td></tr>
<tr><td>你是否有讓基層知道，可以直接舉報高層幹部的陽奉陰違？</td></tr>
<tr><td rowspan="3">千萬不能說出口的 NG 詞彙</td><td>叫基層自己想辦法！</td></tr>
<tr><td>給我好好幹！</td></tr>
<tr><td>別問我該怎麼做，這應該是你們的工作吧！</td></tr>
<tr><td rowspan="3">傳達訊息時的重點</td><td>具體的措施應該由上往下布達（Top-Down）。</td></tr>
<tr><td>該措施必須是對於基層而言，「只要多努力一點點就能達成」的程度。</td></tr>
<tr><td>由上往下布達必須設定期限。</td></tr>
</table>

鐵則4　肯定基層的「一切」	
該做的事	注意事項
了解目前工作所需的時間，確實「掌握現狀	千萬不要叫基層自己條例出「無效作業」。
	不以業務單位區分，而是將每一項工作的構築「程序」進行分解。
	以「月」為基準，將頻率低於一個月的作業獨立出來另外處理。
建立公司的統一「流程清單」	向基層的「老大」諮詢。
	不要將流程切分得太細，每一步流程所需的作業時間以不超過兩個月為原則。
實施問卷調查	不要樂觀地認為「大家一定會仔細回答」。
	遇到有人不願意回答或反應冷淡，也要不厭其煩地說服對方。
根據調查結果召開各部門會議	絕對不要做出否定基層的發言。
	耐心等待基層提出「縮短工時」提議。

鐵則5　承擔處理「所有」的問題	
該做的事	注意事項
將全公司的業務劃分為「社內完成」與「外包協力」兩大類	針對「社內完成」依照以下順序進行討論： ①自動化或者外包。 ②簡化流程而非增加流程。 ③減少作業項目。
	針對「外包協力」依照以下順序進行討論： ①減少作業項目。 ②自動化或者外包。

（接續第17頁）

鐵則2　理解基層反抗的「真正原因」	
該做的事	注意事項
思考基層抵抗的理由	你是否擅自認定「大家都喜歡縮短工時」？
	你是不是一廂情願認為「基層會抵抗縮短工時，是因為他們想『蹭』公司」？
基層抵抗的主要原因	至今一直支持著基層人員的責任感與氣魄。
	質疑公司是不是想趁機縮減人事支出。
	不會使用科技就輸人一截的恐懼。

鐵則3　基層的「關鍵人物」由管理者親自說服	
該做的事	注意事項
說服基層的「頭兒」	管理者親自安排面談。
	親自與「頭兒」一對一，正面對話。
要傳達的訊息	強調這是管理者的責任，由管理者親自主導改革。
	向頭兒展現請求借助其智慧的誠意。
	絕對不會將所有風險都推給頭兒承擔。
舉辦「說明會」	舉辦前要先得到頭兒的理解。
	事前教育高層幹部，嚴禁在說明會上「失言」。
	不要讓「可能會失言」的幹部有發言的機會。
	現場提問的時間，必須設定為說明時間的兩倍。

鐵則 8　不要讓「內部控制」成為藉口	
該做的事	注意事項
社長要與內部控制團隊進行談話	說服內部控制團隊以正面積極的態度面對改革。
	透過內部控制團隊向基層布達「正面積極面對改革」的訊息。
尋找外部的內部控制專家	不要讓外行人擔任內部控制的決策者。
	「要放手到什麼程度？」讓專業的來。
更新公司的簽核系統	導入「電子簽核系統」。
	觀察幹部們對於系統更新的反應，藉此進行能力考核。

與外部業者的問題由高層親自應對	絕對不可把外部業者的問題全丟給基層處理。
	高層「親自面對」外部業者的問題，藉此向基層展現決心。
經歷「失誤」而催生的縮短工時	不責備在改革過程中所發生的失誤。
	高層親自成為負責人，為「失誤」善後。
減少基層的失誤	在做到「減少處理失誤所需的時間」之前，先不要想著「減少失誤」。
	徹底排除「追究失誤」的風氣。

鐵則 6　不談改革的「本質價值」	
該做的事	注意事項
讓員工從小小的成功體驗開始累積經驗	不高談闊論改革的「本質價值」。
	不要用「應該」去強迫員工。
	不追求過度巨大的轉變（轉型），應以本公司的強項進行延伸，「擴張」改革。

鐵則 7　用「結果」獲得認同	
該做的事	注意事項
設定 KPI，讓員工一步一步達成目標	將員工的工作依照每一個小步驟切分，設定 KPI。
	KPI 必須是「只要多努力一點點就可以達成」的程度。
	「統一目標」絕對不行，必須根據狀況來做考量。

沒有角的「鬼」

位在東京雜司谷的鬼子母神社，其匾額上的「鬼」字沒有頂端的那一點，也就是「角」。相傳原本以人類小孩為食物的鬼子母神，在佛祖的感化下轉變為「擁有強大力量的善神」。因為不再是惡鬼了，所以將「鬼」頂端的「角」去掉，成了沒有角的「鬼」。

日文原書封面的「鬼」字也是這樣的設計。其意象徵作者希望各家企業都能捨棄過去的「惡鬼」作風，只保留如鬼一般的魄力來追求「善」，此乃新一代企業經營者應有的姿態。

前言

各位管理者，現在是「縮短工時」的時候了

我撰寫本書的目的，是希望能夠成為讓各位經營管理階層**思考關於「縮短工時」這個議題**的契機。

自二〇一七年以來，隨著「工作方式改革」的提倡與推進，市面上出現了非常多的「改革技巧」。

例如教導如何充分利用 Excel 的小技巧、共享行事曆的應用程式、郵件的內容越短越好（也就是講重點）……不論是在網路上或者坊間書籍，都充斥著大量這類的資訊。

本書跟那些講究「技巧」的大補帖不太一樣。這本書的主旨在於帶領讀者與大家一起思考：為什麼近年來有**很多企業都開始實施「工作方式改革」，卻看不見成效？**

我至今參與過非常多企業的「縮短工時」專案策劃。

最一開始的契機是，我在電通任職了三十年以上，當中有四年被指派到集團旗下的子公司。我就是在那四年期間親身經歷，獲得了提高利潤並大幅縮短加班時間的寶貴經驗。

之後我回歸電通總公司任職，參與了勞動環境改革的專案計畫。我親眼見證兩年內公司真的達成了**加班時數減少五〇%以上**這項目標。

四年前，我獨立創業，以顧問的身分為各家企業提供「從縮短工時開始的企業改革」建議並給予協助。而建議的內容其實非常單純，就是不斷告訴企業的經營團隊以下三項要點：

①縮短工時並不是「防止員工浪費時間」。

②縮短工時其實是「消除公司強加給員工的無效作業」。

③縮短工時才正是「公司對員工表示尊重的最佳方式」。

請大家想一想，應該沒有任何一個員工在到職的第一天就開始想著：「從現在開始，我要一直虛度光陰、偷時間混到退休」吧。

然而許多公司制定的「規矩」，卻讓員工認為「**原來，員工必須毫無怨言地完成公司的要求，就算是沒有意義的無效作業也一樣。這其實才是公司最重視的啊！**」

於是員工漸漸變得會花費許多時間去做「公司規定的無意義工作」，而在更久之後，他自然也會教導新進後輩這套「無意義工作」的規矩。

然而，身為經營團隊一員的你，某天卻突然對員工說：「我們公司也必須開始縮短工時了！」接著又說：「**請你們自己條列出來那些浪費時間的無效作業，然後自己想辦法改善！**」

會順從地回答——「好的，我們的無效作業有這些那些，從今天開始我們不會再浪費時間了」這種員工，基本上根本不存在。

絕大多數的上班族們，從進公司之後，長年來用盡全部心力處理工作事項、熟悉作業流程；在職場上所學到的就是「努力去做公司所需要的浪費」。為此奉獻了青春年華的員工們，突然遭到經營者團隊的否定，他們根本無法做出回應。

而面對這樣的員工，身為經營者團隊的你們多半會給予這樣的評價：「他們只是害怕改變，怠惰成性。這些基層跟我們不一樣，缺乏商業經營的思維！」

這看起來似乎理所當然。但是，如果一個人本身具備了經營者的思維，又怎麼會成為「受雇勞工」呢。

就算這樣的人乖乖地成為你公司的員工，身為經營者的你或許也會給予「值得信賴」的高度評價，但對於這個人的直屬主管與同事來說，他的存在就只是「麻煩」，導致他很快就會發現自己在這個職場沒有容身之處。

我敢斷言，當公司的經營者突然要求大家「縮短工時」時，所有的員工肯定心裡都會有同樣的想法。

「縮短工時？浪費？他真好意思說！」

「他有什麼資格講這種話？」

如果你是受雇於公司的高階主管，尤其你是從基層起步、透過內部晉升往上爬的類型，那麼其他員工對你的評價就是「**還真是換了位置換了腦袋，雙標嘛！**」就這樣，別無其他。

又，如果你自己就是老闆，員工們肯定也會抱怨「一直以來都把『所有』工作丟給我們處理，明明自己對於基層事務一點都不了解，憑什麼叫我們『條列自己浪費了多少工時並加以改善』？這算什麼啊！」

正是因為如此，即便你們這些經營者團隊拚命提倡縮短工時，但員工們的態度卻是——**「陽奉陰違」**。

員工們心想，反正高層們八成又是受了誰的鼓吹吧。至今已經有過好多次都說要「改革」，但結果每次都維持不到半年就失去熱情然後不了了之。這次多半也是一樣的結局啦。

雪上加霜的是，大部分的經營者高層都不會跳下來為改革「親力親為」，**總是指定某個人擔任「負責人」的角色之後，就把所有的工作與責任丟給他**。

而這位被指定的負責人，也害怕在公司內部樹敵會造成自己的損失，因此也只會做些拖延時間的措施，一切只為了等待高層的三分鐘熱度消退。例如舉辦「社內公聽會」、「問卷調查」、「第二次公聽會」、「第三次公聽會」等歹戲拖棚的活動一直持續下去。

很遺憾，絕對沒有一位員工會誠實告訴身為經營者的你這些事。說得難聽點，你這位老闆對於員工來說，不值得他們冒險說實話。

那麼，究竟該怎麼做才好呢？難道你的公司無法做到「縮短工時」嗎？

絕對沒有這回事。**只要貫徹我在前言開頭所列舉的「三項原則」，你不只能看見成效驚人的「縮短工時」，更會驚訝你的公司整個開始轉變。**

本書的內容不單單只是「知識」，而是更著重於「如何活用知識」。除了經營者必須抱持著覺悟，我也希望所有的人都能夠一起思考。

首先，就從我在電通總公司所親身經歷「縮短工時」的過程說起吧。畢竟這可是一家飽受社會批判，被說是「超時工作代表」的公司。

序章

「社長特命」下達的日子

「縮短工時」特別命令下達的那一天

二〇一六年十月十九日下午，我來到市中心一棟剛落成的巨大辦公大樓，受邀參加慶祝廠商的總部喬遷聚會。

到場之後先寒暄問候，當我正與競業公司的老闆聊天時，我的手機響了。這通電話是來自電通高層「山本先生」的祕書。

「山本先生請您現在立刻過來一趟。請問您能馬上來汐留嗎？」

「好的，我這就過去。」

因為提前離席，我向往來企業的客戶道了歉，然後就跳上了一輛計程車。

「請送我去汐留的電通大樓。」

在前往目的地的途中，我思索著山本先生突然急著找我到底有何用意。想當然爾，除了「那件事」之外，應該別無其他了吧……。

山本敏博先生是電通的常務執行董事（日後接任電通社長職務）。當我抵達他的辦公室、入座之後，他對我說了這番話。

「我將全力投入勞動環境改革，這是公司的最優先事項。我會擔任這項專案的負責人並親自指揮。小柳，我希望你能協助我，你現在就從子公司回到本社復職吧！」

果然就是「那件事」了。

當時，電通公司正飽受全日本社會的嚴厲批評。二〇一五年的十二月，電通的新進人員高橋茉莉小姐自殺了（得年二十四歲），這起事件震驚了日本社會。二〇一六年九月，勞動基準監督署認定高橋小姐的死因其中之一是「過勞死」，主要也是源自電通公司內部的「超時工作」已是常態。

其實，電通過去已經好幾次受到勞基署針對超時工作所發出的正式規勸，但是，一直以來都沒有明顯的改善。

現在，在我眼前的山本先生，以絕不退縮的氣勢對我宣示了改革的決心。面對這樣的山本先生，我給出了答覆。

「謝謝您給我這個機會。我願意協助『縮短工時』這項專案。但，您能否答應我唯一一個條件？」

在電通改善勞動環境

關於我向山本先生所提出的「條件」，在後面的章節會介紹。這裡先讓我簡單說明一下我當時所處的立場。

我於一九八八年加入電通，當時正值泡沫經濟高峰期之前。我這位新進員工被分配到電視廣告部門的時候，比我大七歲的前輩山本先生表現非常活躍。

之後，我經歷了業務、會計部門的工作，於二〇一三年被借調到集團內負責網路廣告的子公司。二〇一六年，當時的我擔任該公司的執行副總裁兼CFO（財務長）。

當初我會從電通被借調到集團旗下公司的原因之一，就是因為該公司迫切想要「改善勞動環境」。

該公司的經營績效隨著網路廣告市場的擴大而增長，但公司內部的勞動環境卻實在無法獲得稱讚。超時工作、深夜加班是常態，員工流動率很高，也就是大家所說的「黑心公司」。

我就這樣肩負著「改善黑心公司勞動環境」的任務來到了該公司。在那裡，以社長為首，我與眾多夥伴一起實施了各式各樣的改革措施。該公司擁有超過一千名員工，我們一起經歷了各種狀況，有時甚至堪比小說或電視劇那般誇張又嚴峻；花了四年的時間，公司的勞動環境獲得大幅改善。

隨著工作時間和加班減少，公司的獲利反而提高了，每位員工每小時的生產力也逐月提高。

當時，數位廣告產業已經面臨嚴重的人力短缺，但該公司在求職網站上的知名度卻往上飆升。這正是勞動環境改善所帶來的良性循環。

這在電通集團中也掀起了話題，大家都在討論「那家公司發生什麼事了？」

然而，並不是所有的人都認為這樣的改變是好事。

「半夜我有急事要跟屬下聯絡，結果竟然沒有半個人接電話，這實在很傷腦筋耶。小柳先生您貴為副社長，您真的覺得這種服務品質可以嗎？」

我在總公司的後輩，不只一次對我說出這些實在不怎麼好聽的話。

並不是說他們多壞，畢竟我若沒有被借調到子公司、一直都待在總公司的話。我應該也會有同樣的想法吧。當然，「正常來說」，半夜打電話根本沒有人會接起來，這明明是理所當然的事……但是，對我們來說，當時的電通員工們心中都有一種自負，認為自己「必須做到一般人都無法達到的程度，唯有拚命工作才能得到客戶獨一無二的信賴」。

也就是說，當時不只是電通總公司，而是整個集團都根深蒂固「為了提供超凡卓越的服務，超時工作是必要的條件」這樣的企業文化。此時在集團中突然出現一家子公司，竟然做到了「員工縮短工時與公司業績成長」同時實現，因此反招來「只有你們變得『普通』了，那就跟一般人沒兩樣了，你們真的覺得這樣子好嗎？」的批判，也一點都不意外。儘管我說過我有做好覺悟，但這一路走來著實艱辛。

當時也正值電通的超時工作文化，飽受社會輿論猛烈批判的高峰期。

參與改革時提出的「條件」

當山本先生對我說「來協助我進行改革」時，我當時腦中立馬浮現數個「辦不到的理由」。

雖然我在子公司創造了成功改革的實績，那幾乎也是基於我是從總部被借調過去且擔任副社長——我的立場擁有強力優勢；更重要的是，該公司以社長為首，幹部與員工全體都有志一同，公司上下都充滿了「利用這個機會來改變公司吧！」的氣氛。

相較之下，山本先生所要面臨的挑戰，是電通總部冷眼看待子公司，甚至懷疑我們「是不是自以為這樣就能超越總部」，簡直就是天差地別的狀況。

還有，電通的企業理念：「『普通公司』絕對做不到的超高強度工作，正是電通的競爭力」深植人心。

「除了國內的客戶，還有來自國外的合作企業，大家都是因為我們電通的超高強度工作才信任我們，甚至對我們表示尊敬。」

「嶄新的服務內容也好，最先進的行銷策略也好，總之『質』與『量』都要做到壓倒性的強度，這樣才有說服力。」

這些觀念從每一位新進人員到職之後就不斷強化深入，成為每個電通人的「思想」、「心之所向」。

面對信念堅如磐石的電通，我究竟能做些什麼呢……如此思考的我，對山本先生提出了一個條件：「我不改變公司的『文化』。以此為前提，我『只』策劃縮短工時，這樣可以嗎？」

文化不會改變，也不應該改變

「公司的文化不會輕易改變，對絕大多數公司而言，文化也不應該改變。」

這是我加入電通近三十年來，與多家不同公司合作的經驗中所領悟到的寶貴信念。

最重要的是，電通的企業文化有多強大，其他公司根本望塵莫及。

「想要改變電通的文化根本不可能。我相信山本先生您比我更清楚這一點。但是，如果這次改革的前提是不改變電通的『文化』，而只注重『縮短工時』，那麼我可以提供幫助。」

山本先生非常快就回答我：「當然可以，就這麼辦。」

很多企業的「改革」最終都以半途而廢收場。我認為這是因為，無論有意或無意，他們都踩到了名為「企業文化」的大地雷卻不自知。

即使企業的經營團隊徹底改組，只要大多數的員工仍在這家公司任職，那公司的「文化」當然永遠不會改變。如果新的管理層試圖強行改變文化，員工很快就會感到身心俱疲。

我在集團旗下的子公司之所以能夠成功改革，是因為該公司的經營團隊非常謹慎，他們循序漸進地逐一實施縮短工時的具體措施，而不是試圖強硬「改變公司文化」而踩中地雷、引起爆炸。

除此之外，還有一個重要因素就是，當時電通總公司的經營團隊以股東的身分給予我們很大的支持。

山本先生之所以會那麼快同意我說的「不改變公司的文化，只以『縮短工時』為目標來策劃改革」，理由之一就是，山本先生的工作哲學「與其追求抽象的口號，不如追求具體的措施」。

另外，理由之二就是「期限」。

「這次的勞動環境改革專案，不太可能只花一年就能成功。但是，公司也不可能花上三年的時間來進行改革。我認為兩年就要確實做出成效才行。」

山本先生從一開始就設定了一個明確的期限，這對於一項專案來說意義相當重大。在有限的時間內，你必須對需要做的事情進行優先排序，避免採取那些即使花費大量時間也看不到成效的措施。**想要成功執行專案，我們不能只專注追求自己心中的「理想」而忽略了現實。**

因此，我認為山本先生給了我非常明確的指示，**那就是不要去踩「改變企業文化」這顆地雷，將重點放在策劃具體縮短工時的措施上。**

我認為，山本先生說不定自己心裡也非常確信一件事。那就是——「企業若能成功達成『縮短工時』，那麼企業的『文化』自然也會隨之改變」。

在我離開電通、獨立創業之後，我經手非常多家公司的縮短工時專案，而我也好幾次親自見證這個事實。

那天之後過了約兩個半月，也就是二〇一七年一月，山本先生接任成為社長，同時他也就任「勞動環境改革本部」的本部長。關於工時，他宣布了這樣的目標：「工作時間減少三〇％，但是品質不能往下掉，甚至必須做得更好！」

就這樣，電通的勞動環境改革專案開始了。

招攬優秀成員加入改革

這次勞動環境改革專案的對象是電通集團中的領頭羊，也就是總公司「電通股份有限公司」。除了位在東京的總公司，在關西和中部也設有分支機構，是一個擁有六千多名員工的龐大組織。

截至二〇一六年十月底，改革團隊就只有我一個人。與此同時，我也還擔任集團旗下子公司的執行副總裁兼代表董事職務。

隨著返回總公司復職的時間越來越接近，我一邊努力減少工作時間，一邊向手上的客戶說明並移交我的工作內容。

一項改革專案想要成功，最需要的要素就是需要一個足以推動專案的團隊。首先，我得到了子公司的極大理解，而在我回到總公司復職時，有兩位與我合作密切、非常熟悉彼此工作方式的人也被借調而來到電通總公司。我感受到這項專案極有可能改變他們未來的生活，不禁倍感壓力。

從那時起，我們從電通總公司內部以及集團旗下公司召集了非常多的人才加入這項專案。我所領導的「業務流程管理局暨業務推進室」，最巔峰時有一百多位成員，是非常強大的陣容。

另外，我們也向毫無資本關係的外部企業及顧問諮詢公司等求助。各家公司都很樂意讓手下優秀的人才參加這次的改革專案。可見當時電通的超時工作問題儼然就是社會的焦點，受到諸多關注。

面對這些來自多家不同公司的顧問們，我鞠躬致意，誠懇地說道：「各位來自不同的公司，甚至有些彼此還是競爭對手，但這次我們一起加入這項改革專案，我希望和大家能夠一起成為一個團隊。請多多指教了。」

就這樣，有非常多優秀的成員持續加入這個專案團隊。

但是，每當我為電通公司內部進行關於縮短工時措施的行前說明時，往往收到不盡理想的回應。

「我們知道必須減少工作量，但是，到底該怎麼做才好？」

「就算我們想要早點下班回家，但是客戶們都還在線上啊，怎麼可能自己先走？」

「小柳先生您應該很清楚吧？就算我們說『今天開始我們要縮短工時！』但是只有我們在唱獨角戲，我們怎麼可能跟一直以來奮鬥至今的合作公司夥伴說一句『接下來就交給你們囉～』然後就拍拍屁股下班啊？不可能嘛！」

晚上十點，電通大樓的燈熄滅了

首先，公司發表了「縮短工時改革並不代表公司要削減人事費用」的宣言。

「賺加班費」這說法真的很不好聽，但事實上，我知道有很多員工除了固定薪資之外，都還要加上「加班費」才能夠維持家計（這種情況並不只局限於當時的電通）。

因此，在改革專案起跑的初期階段，山本先生就對員工做出再三聲明。

「**勞動環境改革的目的絕對不是公司要削減人事成本，而是糾正違法行為**。因縮短工時而減少的加班費將會以獎金等其他形式返還，這一點請相信我們。」

山本先生非常明確地表示，這次改革的重點在於「讓違法的超時工作消失」，別無其他。

就這樣，從晚上十點到隔日早上五點，這段時間電通總公司大樓實行「全館關燈」措施。

整棟大樓的所有樓層都關燈，變得黑漆漆一片，這光景在當時還上了許多家電視新聞，或許也有讀者還記得那畫面也不一定。

晚上十點過後不可以處理工作，連傳送電子郵件都不行。

然而，儘管我們迅速地從高層開始往下推行新制度，基層總還是有辦法找到漏洞。有些員工會窩在公司附近的卡啦ＯＫ包廂當作辦公基地。然後「活用」ＬＩＮＥ之類的通訊軟體來取代電子郵件，直接傳送工作訊息。

「公司的文化不會輕易改變。」

前面我說的以不改變公司文化為前提所進行的「縮短工時」策略，現在才正要開始。

兩年將加班時間縮短至四〇％以下

電通的勞動環境改革，從改變員工對於加班的意識為起點，包括盤點作業、外包作業等，在二〇一七年引進了「RPA」（機器人流程自動化，Robotic process automation），受到各界矚目。在這部分，我們共實施了約兩百五十項措施。

現在回想起來，幾乎全部的事情都沒有照著計畫走呢。畢竟執行縮短工時計畫要面對的是每一個活生生的人，會反覆出現失誤並重新挑戰，這是理所當然的事情。

直接先說結果，在專案截止期限的兩年間，也就是至二〇一八年底，每一位員工的非法定勞動時間從月平均二十六・九小時縮短至九・八小時。整體加班時間減少了六〇％。以員工總數六千名計算，相當於每個月減少了十萬小時以上的超時工作時間。

我在改革專案告一段落、一切穩定下來之後就從電通離職了。

現在的我則是運用當時所學到的知識與經驗，創立了一家專門提供「縮短工時相關業務改善」的顧問諮詢公司，為更多的企業行號服務。

「將來，你可以在履歷表寫上自己曾經參與電通的縮短工時專案，這一行字可是很有價值的喔！」

當初我的確用過這樣的說法來招攬身邊的優秀人才，但這也是基於我的親身體驗，電通的改革專案確實大大地改變了我的人生。

「把你在這裡所得到的貴重經驗，廣傳給這個社會吧，這是你的使命。」我把辭呈遞交給山本社長時，他對我說了這句話。這也是我執筆本書的唯一理由。

超時工作＝很遜＝吸引不了年輕人

電通之所以會傾全力動員整個公司進行勞動環境改革，最主要的理由就是我在前文所述，因為發生了那起令人震驚的事件。

不過，在專案啟動初期的階段，團隊在進行討論的時候，改革本部察覺到另一個議題。

「**超時工作，已經變成是一件很遜的事情了**。一家讓人感覺很遜的公司，絕對吸引不了任何人。」

日本的勞動力年齡人口（十五～六十四歲），在一九九五年達到高峰八千七百二十六萬人，到了二〇二〇年已經下降至七千五百零九萬人。預估二〇四〇年還會下降至五千九百七十八萬人。（資料來源：日本國立社會保障暨人口問題研究所「日本的未來推估人口（二〇二三年推估）」。）

目前越發加劇的勞動力不足問題，絕非輕易就能獲得解決。

企業拿著大筆履歷挑員工的時代已經過去了，現在是員工挑公司，**「如何成為一家讓員工願意選擇的企業」成了最重要的經營課題**。

我在電通的新人時期，正好是日本的泡沫經濟期。當時的精力補充飲料廣告的臺詞是「你能二十四小時戰鬥嗎？」這句廣告詞非常流行，「長時間全力工作」在當時是一種非常值得肯定的形象。也就是所謂的「越忙越好」。

如果你是一位傑出的業務員，你的工作肯定接踵而來，你的工作時間也會因此越來越長，這相當合理。在這樣的時空背景之下，比如「早早參加酒會，感覺很遜」在當時蔚為社會風潮。如果你在晚上七點就參加酒會，別人反而會認為你「很閒＝沒有工作在忙」。因此，不管怎樣都一定要拖到八點半才能到場，而且還要理所當然地遲到（或者到場以後快速喝一喝就離席，回公司繼續工作）。每個業務員們都對這種作風感到非常自傲。

反過來說，如果這些業務員沒有辦法像周圍展現自己「長時間都在工作」、「不管任何時候都全力以赴工作」的形象，那反而才是尷尬。

再加上職場的不成文規定：「上司還沒回家，屬下也不能回家」，這可不單單只是字面上的意思那麼簡單。工作上的競爭非常激烈，不只與競業對手之間競爭，就連公司內部的同僚彼此競爭也非常火熱。因此，若是被傳出「那傢伙得不到可以長時間投入的工作」這類的謠言，那簡直就是升官之路的致命傷。

然而，在年號為令和（二〇一九年五月一日正式啟用）的現代日本，這些過去的價值觀已經有了非常大的改變。

昭和、平成時代（一九二六年至二〇一九年），優秀的人才會因為害怕被實力與魅力兼具的大企業或業界「淘汰」，而將「長時間投入工作」視為美德並且充滿自信地誇耀。但那主要是因為大家基於「終身僱用制度」而相信「企業」。換言之，這就像是在「誇耀自己身上的鎖鏈有多麼華麗」並且引以為傲。

但是現在的社會，越是優秀的人才，其生涯規劃已經不再以企業為中心進行考量。**他們心中最在意的優先事項，反而是「自己能夠獲得多少成長」**。

而資方企業面對這樣的人才時，變成是提供讓對方「成長的機會」，藉此換得對方來自家任職（幾年），主客立場儼然顛倒過來了。

即便是在我應屆畢業那個年代非常受到求職者歡迎的大企業或業界，要是被現代的年輕人認為「那裡得不到成長的機會」的話，那麼年輕人也不會將其視為求職的選項。

如此重大的轉變，到了平成年代的尾聲，卻仍然還是有企業沒跟上、也不願接受這個社會已經與過去截然不同的事實。

「想要成為我們的一份子，就得先從基層訓練開始忍耐！」

將這種過時的「學徒制」口號掛在嘴上，對於公司的超時工作及有如體育系般的軍事化管理深信不疑的企業組織，在現代年輕人的眼中可說是「超不妙（非常負面的意義）」，敬而遠之都來不及呢。

對現在的應屆畢業生來說，要是被同屆同學嘲笑「你怎麼會進了那麼糟糕的公司啊？」「待在那種地方能有什麼發展嗎？」這可是最慘的惡夢。

大家絕對不想變成被優秀人才敬而遠之，甚至不被當成求職選項的企業集團。我認為當時的電通，也面臨必須迫切改變超時工作這種「很遜」的工作環境而產生的巨大壓力。

能夠縮短工時的公司，也能實現其他目標

暫時先改變一下話題。我最近有生以來第一次挑戰了七日斷食。頭兩天我感到非常飢餓，實在很難熬；但從第三天開始，飢餓感漸漸消退，最後我以意外輕鬆的心情完成了七日斷食週期。

當完成了這項挑戰之後，我就能明白為什麼這麼多人熱衷於斷食了。變漂亮啦、變瘦啦、調整身體的狀態啦，每個人都有各式各樣的理由呢。

不過，當中最吸引人的理由是──「透過完成每一次的斷食挑戰，我變得越

來越喜歡自己」。

我想，這就是一種成就感吧。我相信不局限於斷食，認真進行減肥、重訓、馬拉松等挑戰的人，應該也都會有這樣的心境共鳴。

我非常盼望，**所有的企業都應該策劃去體驗「工作斷食」**。

要我說縮短工時或減少工作量的價值是什麼，我會說——「自己設定了目標，然後挑戰它，最後完成它」。

這樣的體驗會成為無可替代的寶貴成功經驗，能夠為人帶來強大的自信。

「連縮短工時都能達成的話，應該也能解決原本一直延宕的經營課題！」

「連縮短工時都能達成的話，一定也能成為挑戰新創事業的力量！」

「連縮短工時都能達成的話，我們一定也能領導其他專案獲得成功！」

公司可以變得如此有自信，進而員工也會變得如此有自信。我認為這就是選擇縮短工時的最大意義。

「縮短工時」這個目標，其成果可以用數字來量化並進行衡量評估。

先明確定義最終目標，也就是ＫＧＩ（重要目標達成指標，Key Goal

Indicator），然後在過程中檢查中間指標，也就是ＫＰＩ（關鍵績效指標，Key Performance Indicators），順著這樣的步驟就能實現訂下的「最終目標」。

因此，縮短工時專案是否能夠客觀認定「達成」，不只是經營團隊，就連員工一定也能清楚明瞭。

透過縮短工時，讓全體員工產生強大的自信，企業變得擁有力量勇於接受新的挑戰——這樣的成效已經大大超越單純的「縮短工時」，可說是附加效果相當激勵人心。

只要多增加一家這樣的企業，我深信日本的國力也會因此變得更強。所以我毫不猶豫遞向許多企業行號推薦「工作斷食」。

讓改革專案成功的八大鐵則

電通所進行的勞動環境改革，可說是日本史無前例，完全靠著實驗精神一步一步累積經驗，最後才獲得成功。

這其中當然也包含「因為那起事件」而採取的措施，但我仍然從中得到了不少對於一般多數企業也適用的心得與見解。

我以自己的方式加以整理，得出的結論就是下列的「八大鐵則」。

鐵則1　管理者應該以「私心」訴求。
鐵則2　理解基層反抗的「真正原因」。
鐵則3　基層的「頭兒」由管理者親自說服。
鐵則4　肯定基層的「一切」。
鐵則5　承擔處理「所有」的問題。
鐵則6　不談改革的「本質價值」。
鐵則7　用「結果」獲得認同。
鐵則8　不要讓「內部控制」成為藉口。

這些就是推動勞動環境改革的重要元素，但不僅只於此，我相信它們同時也是促進所有「公司內部改革專案」獲得成功的必勝鐵則。

容我再次強調，縮短工時本身並非唯一目的。

而是**達成縮短工時所帶來的自信與經驗，將會成為促進成長的墊腳石**。

了解這些必不可少的「八大鐵則」，相信一定可以成為各位的助力，對於未來開展的各項內部改革專案，肯定能有莫大的幫助。

鐵則 1

管理者應該以「私心」訴求

不會有人因為表面話而行動

在我們進入「縮短工時」正題之前，我希望大家可以先思考一件事。

「管理者若不以『私心』為訴求，就無法打動員工的心。」

也就是說，「不說表面話或喊口號，而是管理者（社長）必須將自己『內心深處真正的想法』直接傳達給員工」。

通常社長、大老闆們平時所說的話，幾乎都是空有形式、標準化的陳腔濫調。不外乎每年都會說：「我們正迎接前所未見的巨大變化」，然後再接著說：「過去的常識已經不適用了」。再來，可能還會引用達爾文的名言，例如「最能靈活適應變化的生物才能在未來存活下來」；最後再以「我希望各位都能不怕失敗，保持勇於挑戰的心」來做結尾。

這種內容，使用ＡＩ生成都綽綽有餘，甚至根本不需要特地叫「經營企劃部」或「總裁辦公室」的菁英來寫，交給ＡＩ就好了。

而總是聽著高層陳腔濫調的高層幹部們，則會展現一邊點頭一邊筆記的「傳統美德」，看似認真聽訓且認同。等各位幹部回到自己的部門之後，把手下的基層員工們集合起來，將社長的「訓示」有如複製貼上般再說一次。幹部一定會說到「變化」、「靈活適應」、「不要害怕失敗」等關鍵字，然後基層員工們也是邊聽邊點頭。

但我敢說，基層員工們聽完上級的「演說」，走出大會議室或者關掉線上會議後，剛才聽到的話全部都會忘得一乾二淨。他們腦中的記憶體啥都不會留下，而是直接返回辦公室，一如往常面對每一天的辛苦工作。

如果，此時有個社會經驗尚淺的菜鳥被社長的話給感動，甚至高呼「社長說得太好了，我也認為應該要不怕失敗、面對挑戰！前輩們慣用的常識已經不管用了！」這下可不得了，前輩們還得一邊顧慮不要被誤會是職場霸凌，一邊對菜鳥曉以大義。

「我告訴你，那些只是高層的『表面話』啦！」

「如果我們這些基層真的不怕失敗、面對挑戰的話，那公司早就垮了啦！」

「社長自己心裡也很清楚啦，因為他也是從基層開始，經過內部升遷才升上高位的，算是我們的大前輩。不過，公開談話就是那樣嘛，他一定只能說那種漂亮話啊，所以千萬不要當真啊！」

無論公司內部或外部，沒有一個人認為社長是在說真心話。

經營者「內心深處的欲望」

DX（數位轉型，Digital Transformation）、ESG（企業永續發展，Environmental, Social, and Governance）、企業宗旨、企業設計等……這些現代流行的企業相關專有名詞，時不時就會出現在經營者的言論之中。

這些專有名詞全部都沒有錯。但問題在於，當一個經營者從口中說出這些名詞時，沒有一個人認為他是真正理解其意義以及可能造成的影響。

更重要的是，經營者是否真心想要改變公司？是否真正理解可能會有大批員工跟不上改變的事實？經營者真的做好「覺悟」了嗎？

再換句話說，這些真的是經營者「發自內心、不惜任何代價也想要實現」的願望嗎？

至少，對於員工來說，他們一點也不認為你這位社長大前輩有做好「真正的覺悟」。他們認為你只不過是一如往常地在「表演」、「求上進」。

至今我見證過好幾次這樣的發展了。社長冠冕堂皇地說著華而不實的「目標」、「宣示」，**結果都只是把實踐執行的工作全部丟給基層而已**。

然後，要是在過程中遇到什麼大阻礙，這些目標或專案就會不了了之，最後自然消滅。此時，原本被社長指派為專案負責人的幹部或上級們，每個都急著撇清責任，甚至還會說出「其實這個專案從一開始就不存在」這種鬼話。

這令人啼笑皆非的劇碼上演多次以後，員工們自然會認為身為經營者的你——「其實根本不是真心想要改革」。

那麼當你高呼「公司不改變不行了啊！」的口號時，他們又怎麼可能會相信你呢？

身為經營者的你，所說的話絕對不能「像AI寫出來的」那般制式又空泛。你必須向員工展現，身為社長、管理者、經營者的「私心」，也就是發自內心的真正訴求。唯有將這份欲望誠實地傳達給員工，你所想要做的所有改革，才會真正開始。

新社長向員工發出的訊息

話題回到電通的縮短工時改革上吧。

如前文所述，在「勞動環境改革本部」啟動兩個半月之後，前任社長因一連串的事件而引咎辭職，由山本敏博先生接任為新社長。

山本社長同時也兼任勞動環境改革本部的本部長職務。山本社長表示「這項改革將優先於其他一切業務」並接連向員工發出了訊息。

山本社長非常強調這項重點。

「縮短工時與維持工作品質，兩者並非只能擇其一。」

我前面也提到，電通至今以來的工作信條就是「如果試圖節省工作時間與精力，客戶就會質疑我們的服務品質」、「不只不能輸給競業對手，也不能輸給公司內部競爭的對手」，當時電通的員工們全都背負著如此沉重的壓力。

因此，公司內部開始瀰漫著對於縮短工時感到焦慮不安的氣氛。

之後，當「晚上十點之後禁止工作」這條守則頒布之時，有位大型廣告商的行銷主管特地在過了晚上十點後來到廣告拍攝的現場。他表示：「我就是要親自證明電通的政策是錯誤的。」

儘管這是個極端的例子，但當時確實有不少與電通往來的客戶都表示「晚上不工作的電通，該怎麼辦呢？」

但是山本社長始終堅持「在不影響服務品質的前提下，減少三〇%的工作時間是可行的」。為了讓員工們理解這一點，山本社長不放過任何一個可以向員工傳達理念的機會。

「違反勞動基準法的情況，通通消失吧！」

「公司將在未來兩年內，優先投資改善工作環境設備以及業務作業流程，這樣就算縮短工時，也不會影響工作的成果。」

「縮短工時之後，員工就可以利用多出來的時間進行自我調整、自我充實；員工自身獲得成長，也會連帶公司一起成長。」

山本社長就像這樣，不停地向員工們傳達這些訊息。

也因為社長親自大力呼籲，公司也鼓勵員工「何不努力消除客戶心中『電通縮短工時＝電通的服務低下』那根深蒂固的錯誤觀念？」

成為能吸引人才的公司

在社長的再三呼籲之下，公司內部的氣氛漸漸分為兩派——「到底該怎麼做才好？」一派對現狀感到困惑躊躇；「確實，現在再不進行改革是不行的。」另一派則是相對積極，期待改變。

但至少，沒有人認為這是公司在「作秀」了。當然我不能一概而論，但我認為這與山本社長誠懇地傳達他「內心深處的渴望」有相當大的關係，也就是社長的私心確實打動了大家。

社長的「私心」，說得明確點，就是——「絕對不能讓電通變成沒人想靠近、一點都不吸引人的公司。」

這就是山本社長內心深處的願望。

山本社長的內心堅信：「電通應該成為日本各地、甚至是全世界商業人才匯集的地方。」

他的這份信念非常強大。

「電通就是一家信奉『長時間工作才稱得上是真正夠格的服務』的公司」這是社會大眾一直以來對電通的刻板印象。而我相信「將這份刻板印象一掃而空」——才是山本社長真正的「私心」訴求。

我在序章的部分也提到，日本接下來將會進入勞動力嚴重不足的時代。

年輕又優秀的人才們引頸期盼、企業資方可以從大量履歷中慢慢挑選人才的時代已經成為過去。

現在的主流是，資方根本不敢在求職者面試時出現任何涉及職權霸凌、性騷擾的言論，年輕一輩的人也完全不相信過去曾經存在過這麼離譜的公司。

而且這世代才華洋溢的年輕人們，不僅重視「CP值」，同時也非常重視「TP值（時間績效，Time Performance）」。

對他們而言，**做不到縮短工時的企業**、**「尊崇長時間工作」的公司**，就像是「別說是連免治馬桶都沒有了，根本是傳統的蹲式馬桶！」在他們眼中，**簡直就是過時的產物**。

如果，電通現在「連」縮短工時都達不到的話，那麼未來電通一定會被貼上「老派過時」的標籤，也沒有人會想來應徵電通的職缺了。甚至輿論還會持續流傳：「明明社長都已經換成那位山本先生了，但電通還是沒有改變。」依然是年輕世代眼中的「老派過時」公司。

山本社長說什麼都不想淪落到那種狀況，因此「縮短工時改革」既是社長的私心，同時也不單單只是嘴上說說的口號，而是切切實實打動了員工們的心。

運動員不會在比賽前一晚熬夜

「我們的合作企業也認為，長時間工作是服務品質的先決條件。人們對於電通的高強度勞動感到驚訝且佩服，甚至我們的競爭對手還會說出『我們無法像電通那樣高強度投入工作』這種未戰先敗的言論。

「各位，我們是不是因為這些『評價』而過度自滿太久了？

「如果電通繼續維持現狀，我們將無法再吸引下一代的年輕人才。

「哀嘆『現在的年輕人真不懂事』也毫無意義。

「如果我們無法吸引人才，那些目前認為電通長時間工作很『厲害』的客戶很快就會拋棄我們，而擁有更多青年才俊的競爭對手，就會趁機搶走我們的工作。」

為了要讓員工全體建立起這樣的意識，山本社長不停地發表各種談話來宣揚自己的理念。

「運動員及藝術家，每一天都為了那『重要的大日子』傾盡全力做準備。奧運國手們更是為了四年一度的賽事，每一分每一秒都在累積自己的實力。

「那麼我們又如何呢？明明手上有重要的案子，卻自誇『我昨晚陪客戶徹夜長談，搞得我一整晚都沒睡呢！』各位是否都有過這種自以為很厲害的經驗？

「『為了準備重要的大案子簡報所以我整晚沒睡覺』這種事在現在這時代已經完全不值得自豪了。何不好好調整身體狀況，讓自己在頭腦清醒的狀態下好好拜訪客戶，並且在客戶面前展現自己最棒的一面，不是應該這樣才對嗎？」

山本社長平常最討厭將一件事情「再三重複」說好幾次，但現在的他不得不挑戰，用最樸實的態度、最直接的方式、再三重複、不停地向員工們進行溝通。

由於社長不斷用各種方式向員工闡述理念，公司內部的氣氛與想法確實也漸漸有了變化。

日本商人一代接一代傳承下來的一項技能，就是「陽奉陰違」。

一千四百年前，聖德太子制定了「十七條憲法」，規範當時的高階公務員必須「不要再陽奉陰違，而是以和為貴，遵從眾人和平討論之後所得出的決定」。

某程度而言，一個組織的運作確實是靠著（表面上的）和諧才能順利。

例如，當你收到上級的命令時，即便自己內心想著「不，我認為不能這麼做……」但在那個當下，你不會對上司直接表達反對意見，而是先回答：「好的，這就照辦。」總之先以維持場面和諧為重。尤其是當你的上司正在一頭熱，你必須等他自己消退三分鐘熱度，這才是上策。

不要再陽奉陰違

但，這是為了讓日常業務順利運作的一種職場智慧。當面臨一點也不「日常」的緊急狀況，或是公司要進行整體全面性的大改革時，這種「陽奉陰違」的職場文化反倒成了最大的阻礙。

明明能力所不及、或是根本就不情願去做，卻回答：「社長您說得太對了，我們現在確實就是需要這麼做！我馬上照辦！」這種姑且表面附和的言論，其實最讓人困擾。

因此，山本社長認為非常有必要讓員工們真正理解「這一次，真的不要再陽奉陰違了」。

「對於公司實施的措施，如果有辦不到的部分，我希望大家可以老實告訴我『辦不到』。」

「我絕對不會責備你們為什麼辦不到，也不會逼你們一定要給個說明，更不會取笑或質疑，所以請你們安心對我說實話。」

「我絕對不會說『這是社長命令，你們做就對了少囉嗦』這種話。如果我發現我給出了錯誤的指令，我會馬上收回。」

社長的這番發言在公司內部流傳開來，全公司也因此舉辦了一場又一場認真討論縮短工時議題的會議。

最重要的是，「我們絕對不會為了『作秀』而浪費時間討論實務上根本不可行的縮短工時政策。」

「什麼樣的措施才是基層真正可以做到的，希望大家儘管提出來。」

基於這樣的共識，每一次的會議都進行了非常熱烈的討論。

專案主管的任命只有社長能決定

還有一件事比基層的陽奉陰違更麻煩，那就是「高階主管的陽奉陰違」。

許多時候，高階主管並非出於個人的理念而陽奉陰違。**多數的高階主管是因為害怕會在自己所屬的部門失勢**，逼不得已只好對社長的命令陽奉陰違。

在大多數的高階主管都是由內部晉升上來的企業，與其說這些主管的權力源頭是來自公司高層，倒不如說是來自基層對他們的信任還比較常見。

說得簡單一點，所屬部門的後輩們認同「你可以當我們部門的代表」這一點，高層再從中提拔你成為部門代表（也就是負責主管）。這種高階主管的人事相關眉角，或許用「部門自治」來講會比較好懂吧。

這類型的主管為了討好所屬部門的屬下（後輩）們，會在他們面前擺出對抗公司的態度也不意外。

「上面在嚷嚷著改革什麼的，你們就隨便配合一下，做做樣子就好了啦。」

他們極有可能會對著屬下說這種話，然後在企業組織中對上面陽奉陰違，這都是為了保障他們自己在所屬部門中的地位。

對於那些「過去在基層做出壓倒性漂亮成績」才得以升上去的高階主管而言，得罪屬下的風險實在太高了。尤其在聽了公司的改革方針之後，認為這根本是在打臉他一直以來自以為的領袖魅力，他感覺自己的勝利方程式遭到否定，如此只會促使他卯足全力「陽奉陰違」，而後輩們也只會被他牽著走。

如果公司內部有這樣子的高階主管，那麼能夠對他做出處置的人，就只有社長了。在選拔專案團隊成員時，可以依照基層負責人的意見來做調整，但是幹部級的人事任命，只有社長才能決定。

若是有人因為害怕在自己的所屬部門失勢，對於公司的方針始終抱持著不配合的態度，那麼非常遺憾，只能請他自行求去了。

我在前言也提到，本書的主旨並非傳授知識技巧的大補帖，而是希望各位經營者思考自己是否做好「覺悟」。

「不論官階或功績，全部都不能有例外。」

「若有主管不配合公司方針，請各位利用內部通報系統，匿名舉發。」

身為公司的最高領導人，你必須向基層的員工宣示，公司的改革不會因為一個部門的反對而撤銷，公司絕對不會「屈服」。

如果不能做到這種程度，你就沒有資格以經營者的身分談論「改革」。

管理者不該說的禁忌詞彙——「叫基層自己想辦法！」

有時候，公司內部的氣氛，往往因為社長說了「絕對不該說的禁句」而一瞬間全被打壞，這種案例絕對不少見。

身為社長「絕對不該說」的禁句，就是——「叫基層自己想辦法！」

「給我好好幹！」

「問我該怎麼做，這應該是你們的工作吧！」

這三句也是「管理職」們平常最愛說的三句話。

但這三句話，除了打擊基層士氣、阻礙公司改革之外，沒有任何其他效果。如同我前面所述，企業的員工，有時候對於經營者一頭熱提倡的改革宣言反而會冷眼旁觀。

如果公司只是對外作秀，那麼基於利害關係一致，員工可能還會願意跟著逢場作戲一下（也就是使用陽奉陰違之技）；但若是真的要求員工改變原本的工作方式，那可就另當別論了。

尤其這種時候，社長還丟出一句「運用你們基層的智慧，好好幹！」那簡直就是莫名其妙。

如果現任社長是走應屆畢業入社，再透過內部晉升往上爬的路線，那麼此舉只會落得被員工私下譏笑「也不想想他以前是什麼樣子，現在怎麼好意思講這種置身事外的話？」

習慣向下丟包，所以基層抵抗

我方才說道，那些高階主管只是掛著經營幹部的名義，但本質上只是「部門代表」，因此揣測上意、陽奉陰違對他們來說都是不得不做的事情。

還有，從基層透過內部晉升而接任經營者職位的「社長」，必須把具體行動交給基層去執行，這種狀況也在所多有。

然而，即便是在基層，仍然會出現大家將具體行動一層又一層「向下交代」的情況。日本企業之中，有相當多的公司組織存在著這種一層又一層「丟包」的陋習。

過去曾有段時期非常流行「品管圈」（Quality Control Circle，簡稱ＱＣＣ），日本企業的「基層的智慧」在當時廣受到好評與肯定。甚至有一派看法認為，是一流的基層在拚命掩護三流高層的經營無方。

但事實上，這難道不是基層一直在嚴厲抗拒上級的介入嗎？

當上級想要改變基層一直以來的做法（尤其是從以前到現在，基層代代相傳的成功經驗）時，基層通常都會主張自己擁有「治外法權」。

日本企業的經營模式，跟其他跨足全世界的國際級大企業不同。

若是「擁有獨自的見解並且勇於掀起革命的強勢型領導者」成為某家日本企業的領頭老大，然後這位老大開始全力介入基層並且發號施令，那會發生什麼事呢？答案是，基層肯定會拚命抵抗，堅決不配合。

也就是說，**對基層來說，維持一貫的成功經驗是他們的最優先事項**。

就算是要進行什麼專案，也是交由基層去執行，高層要是敢提出意見或者下達具體的行動指令，都是「犯天條」。

「我想做的事是這個，請基層思考與執行，交給你們好好做啊。」

如果連這樣的話都不先講一聲就直接自己硬上，這樣的人會被視為「莽夫」、不懂禮數，反而很快就會從幹部候補名單中被剔除。

讓我們再把話題回到縮短工時上。

基層經過長年的累積與努力才得出的智慧結晶，但站在公司整體的局面來看，當中其實有很多「無意義」的多餘作業，這樣的案例其實相當常見。

也可以說，那就像是一年又一年不停累積起來，有如「陳年積雪」般的「陳年積業」。

然而，**沒有一位基層員工會主動承認那些是「無意義」的多餘作業**。為了要能繼續向公司堅持基層要有治外法權，因此基層必須堅持目前的工作內容完全沒有多餘的「無意義作業」，也不需要接受改革或改變，但這樣反而是落入作繭自縛的窘境。

此時社長還說「縮短工時是必要的！至於該怎麼做就交給你們自己去想！」這種話簡直就像是落井下石，基層只會更劇烈地全力抗拒改革。而夾在中間的幹部高層們的陽奉陰違就像是在搞破壞，甚至還會潑冷水，想盡辦法讓負責人們的熱情消退，讓改革的火苗就此熄滅。

公司搞成這樣，簡直就跟「民亂」沒兩樣了。

為了避免演變成這種局面，社長必須不停親自發布訊息才行。

管理者應該發出的訊息重點

社長發布訊息的重點，就是下列三項：

①具體的措施不可以全部丟給基層，應該由上往下布達。

②該措施必須是對於基層而言，「只要多努力一點點就能達成」的程度。

③由上往下布達必須設定明確的期限。

掌握這三項要點，由社長親自反覆向員工傳達訊息。

關於①，例如在導入某些可以實際做到縮短工時，且提高效率的新系統或新工具時，必須由主管率先展示其具體的效果給基層看，否則基層絕對不會把主管的話當一回事。

以電通的狀況來說，其中一個案例就是導入當時最尖端的RPA。

另外，電通的縮短工時專案，山本社長親自設定了為期兩年的「由上往下布達的明確期限」也就是重點③。

首先，這是一個非常強而有力的聲明，意味著「兩年內一定要完成勞動環境改革」的決心，同時也是對社會的一個承諾。同時，也是讓基層明白「**高層不會無期限地插手基層的自治權**」。

如果身為經營者的社長不這麼做的話，手下的人很有可能會產生「公司未來的『政權』要改朝換代了嗎？」、「我們該不會變成像ＧＡＦＡＭ[1]那樣凡是都要聽從布達的公司吧？」這類莫須有的擔憂與質疑。

當電通的超時工作成為社會性議題時，「工作方式改革」這個詞也橫空出世。而二〇一八年也通過了一連串與勞基法相關的「工作方式改革法案」。

我並不反對這些法案所代表的意義，但是我對於聽起來像是「要求受雇員工改變工作方式」的內容，總覺得哪裡怪怪的。

1 譯按：指目前足以影響全世界的五大企業：Google、Apple、Facebook、Amazon、Microsoft。

不是員工，而是經營者的工作方式要改革

真正需要改變工作方式的不是員工，而是身為資方的經營者們才對吧。資方必須抱持著覺悟來改變工作方式，這才是重點不是嗎？

就法律層面來說，員工與公司簽署了「雇傭合約」，那麼員工就有義務必須遵守公司的指示與命令。

經常會聽到有些管理職主管抱怨屬下「只會做我有交代的事，反之我沒交代的事就都不會去做。」，但以雇傭合約來看，其實屬下若是主動去做「主管沒有交代的事」那才是違約了呢。

日本傳統以來的職場倫理就是「命令屬下好好去做」、「要求他們自己思考」，有非常多的企業都採用這種方式，但若以原本「雇傭關係」的定義來說，這其實是資方的一種不負責任。

本書的目的並非深入探討這項議題，但說到縮短工時改革，我認為無論如何

都必須由社長做出如下的宣言才行。

各位員工並沒有錯。
錯的是我們這些身為經營高層的工作方式。
所以，現在我們說什麼都希望進行改革。
為了達成改革，我們將會向大家布達具體的指示與措施。
儘管身為經營高層，但我們的能力有限。
因此，真的希望各位能夠協助公司。

直到做出宣言的此時此刻，縮短工時改革才算真正踏出了第一步。

鐵則1　管理者應該以「私心」為訴求　重點整理

①反覆向員工宣示這次絕對不是「作秀」也不是「空口說漂亮話」。

②明確制定向基層布達的時間期限，嚴禁陽奉陰違。

③必須抱持著「不是員工，而是雇主的工作方式需要改變」的自覺與決心。

鐵則 2

理解基層反抗的「真正原因」

並不是所有人都想早點回家

「縮短工時的話，就能早點下班回家了，你們也會開心吧！」

若是身為經營者的你對大家說了這樣的話，那我肯定你的縮短工時改革絕對會受挫。

在這些早已習慣超時工作的人們之中，其實出乎意料有不少的人以這樣的工作方式為傲。他們不只因此感到「自豪」，也因從中獲得成長而感到喜悅。

如果你沒有考慮到這一項事實就輕易說出「能早點回家，應該很開心吧？」這句話，你只會被你的員工認為「老闆根本不懂」並且招來員工的強烈不滿。

而這種不滿，若是正面攻防還好解決，最怕的是像我前面提到的「陽奉陰違」、「搞破壞」這些會讓改革活動瞬間一一被擊沉的最大風險。在你面前回答「縮短工時？改革？好啊！這是應該的！我們做！」結果在你背後其實什麼也不做，這真的是最糟糕的狀況了。

優秀的人才會尋求「能夠讓自己成長的場所」。單純待在舒適圈，對他們來說並沒有任何好處，甚至他們還會擔心自己因此而喪失競爭力。

或許這與本書強調的「連縮短工時都做不到的公司，也無法吸引人才」有些矛盾了，但相信我，「能早點回家，應該很開心吧？」這句話絕對是經營者不能說的大禁句。

容易導致超時工作的廣告業結構

事實上，廣告代理商的產業結構，確實非常容易使「超時工作」成為常態。

當輿論批評電通的超時工作問題時，社會大眾曾出現過這樣的疑問：「不過是間替業主執行廣告投放業務的公司，怎麼會忙成這樣？」

一言以蔽之，我們的工作就是為了滿足客戶需求；然而，這其實是一項艱鉅的任務。

首先，只靠負責人一個人就可以決定所有的廣告案執行細節，這種公司基本上不存在。尤其是將廣告委託給電通這種大型廣告商的公司，內部審核的時候肯定需要一關又一關的討論與評估。這也不意外，畢竟對業主來說，都已經花了這麼高的廣告預算了。

在等待業主做出決策的期間，廣告公司可不是呆呆等待就好了。我們必須與業主廣告案的負責人站在一起，有時候甚至還得為負責人的上司提供協助，陪同進行該公司內部的「橫向」、「縱向」、「斜線」溝通與協調。說是「同舟共濟」一點也不為過。

光是這個過程，簡直可以用「波折不斷」來形容了。比如說，業主公司的常務董事同意了，但沒想到專務董事那邊卻突然推翻整個廣告案，這種情況在我們業界很常發生。

「我們公司的商標怎麼做得這麼小？不行！」

光是這樣一句話，我們之前蒐集的龐大資料與來回討論的提案結果，一瞬間就會化為烏有。

更恐怖的是，好不容易搞定「橫向」、「縱向」，「斜線」卻突然跳出來抗議自己沒有收到任何事前說明——「我根本沒聽說這次的廣告案，我反對到底」這種讓人措手不及的突發攻擊，在這個業界也不罕見。

假設經過重重困難，你終於將業主（客戶）的要求全部統整好，也獲得同意了，但接下來的作業可不是「照著流程走就好」這麼簡單。

如果是要拍攝電視廣告，你必須仔細協調所有相關人員的想法及意願，包括廣告製作公司、投放廣告的媒體公司等，每一個環節都不能疏漏。

基本上，絕大多數業主對於廣告的要求，不外乎「創新、前所未見、擁有引起廣大回響的可能性」。為了要讓自家的廣告提案雀屏中選，廣告代理商都是非常拚命奔走、努力與負責窗口同舟共濟。

而廣告代理商的合作夥伴們，對於透過廣告商而能承接到真正創新又有趣的案子也是相當期待，可說是樂見其成。

但，試著想像一下，這些負責製作廣告的人，幾乎都是擁有藝術家氣質的

「創意者」，如果你用居高臨下的態度對他們說「這是客戶的意思，請照做」，那會發生什麼事？

他們極有可能拒絕你的案子，並且批評你「這傢伙根本不懂」，然後你在這個圈子會有好一陣子都被列為拒絕往來戶。電通的菜鳥員工剛開始工作時就有踩過幾次這種地雷，簡直就像是「誤入禁區」，感受到社會殘酷的震撼教育。

基於這些原因，像電通這樣的廣告代理商都必須具備「調整機能」（我們稱之為「掌控」能力）。

拚盡全力做好一切「掌控」，可以發揮非常大的效果，但這也必須投入相當大量的時間與精力。

這種「協調」、「掌控」的工作其實效率極差、生產力也很低、完全就是一個嚴重消耗身心的苦差事。

跟許多人想像中的「受到客戶的委託，再外包給相關業者執行，然後坐享其成就好」根本完全不一樣，甚至可以說，這跟一般人所認知的「付出與回報成正比」是兩個截然不同的世界。

連餐廳的廁所都要徹底場勘，就是「電通風格」

當電通的超時工作被社會大眾視為「嚴重問題」時，電通公司內部存在已久的「電通鬼十則」被指責是「元凶」。這是因為當中的第五條守則「一旦動手，在未達目標前，見神殺神，遇佛滅佛，即使被殺也絕不罷休」，這句話被認為與導致過勞死有直接關係，因此「電通鬼十則」成了飽受批判的箭靶。

現在的電通已經將「電通鬼十則」封印了起來（從員工手冊中廢除），而這其實是電通的第四代社長，吉田秀雄先生於一九五一年所制定的十條工作規範守則。

其實，「鬼十則」原本也不是什麼企業願景或企業宗旨，更不是企業理念或信條之類的東西。真要說的話，那只是很「單純」的行為守則而已。

但是，我前面提到的「協調業務」、「掌控」可說是公司的事業主幹，而負責這些業務的員工們實際上就形同公司的資產，於是員工的行為守則不只是成了公司存在的理由，更是組織與個人的「工作目標」。

這也是電通的企業經營模式非常罕見的原因，行為守則竟然直接變成了企業理念，甚至是員工信奉的信條。

「鬼十則」當中的第九條守則——

全方位留心關照，絞盡腦汁不鬆懈，唯有如此才能稱作「服務」。

這句話可說是我方才提到的「協調業務」的精髓，完全一語中的。

然而，這條守則同時也是「註定」成為導致超時工作的背景。

為了達成客戶的要求而與負責人四處奔走、同舟共濟，案子談成之後還得向承辦業者仔細說明、請求、說服、敲定。這個過程中，電通人必須「全方位留心關照，絞盡腦汁不鬆懈」拚盡全部心力，繃緊神經。

正是因為做到這種地步，因此大家到最後都會說「真是拿你沒辦法，這次就當賣你個人情吧」，然後願意讓步。

至於所謂的「做到這種地步」，舉例來說，要帶客戶去初次前往的餐廳時，電通人除了當天的菜單，還有酒單中有哪些名酒都得事先調查清楚，此乃基本中的基本。視情況，有時候甚至連餐廳的廁所都要事先場勘，連設備及品牌廠商都要確認仔細。

就是像這樣，電通人必須做到讓對方讚嘆「有需要做到這樣嗎！」、「你不需要再幫忙我更多也沒關係啦！」這種程度才行。有時候極端的行為反而能夠打動人心，也能因此順利得到工作。

這就是經典的電通風格。「電通會掌控一切，直到最後一刻都不會鬆懈。」就是這點讓過去的電通獲得好評。

改變業界風氣

正如我花這麼多篇幅說明，超時工作變成常態，甚至是廣告代理業界的商業模式，這並不僅是電通「絕不逃避，要協調掌控至最後一刻」的傳統，更是整個業界結構性的問題。

所以，當電通開始認真執行縮短工時改革的時候，基層發出的聲音並不是單純「反對」，而是提出了一個非常根本性的疑問——「這種事，真的有可能做到嗎？」

這並不是那種低層次的「說什麼縮短工時，別開完笑了」之類的為反而反。也不是單純的「客戶還在線上，所以我不能先下班回家」這種程度的問題。**超時工作已經是這個業界的商業模式了，甚至也可說是自己（員工）的存在價值**，這樣電通真的有可能進行改革嗎？這難道不會比歷年來客戶所提出的難題還要更難解決嗎？這些才是藏在基層背後的心聲。

不論是與業主公司的負責人一起奔走，或者是與承辦業者洽談接案，終究我們都是在跟人打交道。

一開始對方都會用「你應該知道自己在強人所難吧，這沒辦法啦」這樣的說詞來強烈拒絕，接下來就是雙方不停地你來我往進行協調，找出雙方都能接受的

「妥協底線」。協調過程若不花費大量時間就無法順利。因為若不這麼做，對方很有可能會認為「你是不是把我看扁了？」或者「你是想用金錢跟權力來逼我就範嗎？」

最糟糕的做法就是：「騙對方說真的沒有時間了、真的來不及了」用謊言騙對方配合你（或你的客戶）的要求。但事實上，真的沒有時間嗎？專業的人其實都心知肚明。

因此，電通要如何「不說那種藉口」就能說服對方？某種程度而言，所有人都很期待接下來的發展。

「不好意思，晚上十點之前一定要交件，這是退無可退的最後期限。」

這句話，只有在雙方確認合意之後的執行階段才可以說出口。

而將公司的協調業務賴以維生的員工們，其實都擁有著「我們不能允許『只有電通為了縮短工時』而帶給其他人麻煩」這種專業意識。

正因為如此，當電通真正開始進行縮短工時改革之時，每個人都意識到一個非常重大的問題。我們已經明白縮短工時是勢在必行了，但是，實際到底該怎麼做才好？

對於「基層表示希望維持現狀」的誤解

一位經營者下定決心要改變公司。這絕不能出自於「作秀」的自我感覺良好，必須是經營者自己「誠實的私心」，才能真正促使改革動起來。

這部分不是什麼問題，但是，各位經營者對於員工們的感受，反而經常會產生誤解。

尤其是當員工們的反應明顯冷淡、擺出一副「是喔～」的冷漠態度時，老闆們心裡就會想——「唉，這些受雇的員工就是這樣沒有責任感。比起公司存亡的危機，他們更討厭『改變』。他們一定是想著維持現狀繼續領薪水就好，公司改革什麼的，他們都不一當回事！」

不僅只於沒有基層工作經驗的大老闆，就算是從基層一路爬升至社長大位的經營者，也一樣會產生這種非常負面的誤解。
離開第一線多年之後，隨著時間的流逝，經營者們的工作重心漸漸轉移，壓力也與日俱增，結果反倒忘記了曾經待在基層時的感覺。
但是，正如我前面以電通為例所做的說明，基層人員一直以來都支撐著公司的營運，而這正是他們一直以來的工作方式，他們也引以為傲。
當基層人員聽到你的「真情告白」，與其說他們感到困惑——「就算叫我們要改變工作方式，但……」
倒不如說他們感受到自己背負著身為「基層」、「第一線」的責任與骨氣。
如果經營者沒有認清這一點，只是一直單方面認為「基層就是不想接受改變」，那麼不管端出多少具體措施，也絕對得不到員工的配合。
「我們知道社長這次是真心想要改革，我們也知道這次不是作秀，這次是來真的。但是，這樣的改革可是會徹底改變基層人員的工作方式，社長及高層真的有明白這一點嗎？」
這才是員工們真正感到「討厭」與「擔憂」的原因。而身為經營者的你卻一直不去理解這一點，只會對員工說著：「縮短工時的話，大家就可以早點回家，你們應該很開心才對吧？」這種風涼話，不只得不到員工的贊同，還會被訕笑你這個老闆實在太白目了。

「我明白縮短工時改革，可能會導致基層的工作陷入混亂，甚至第一年的營收也會大受影響……不，長達好幾年都有可能。

「我絕對不會要求大家『就算這樣也要好好幹』。我會負起所有的責任，包括股東、債權人及所有利害關係人我都會去詳細說明。

「如果我們能夠克服現在的痛苦，本公司將會重獲新生，脫胎換骨。

「我向大家保證，各位的薪資絕對不會因為公司的利潤下降而減少。」

唯有如此向公司內部（及外部）宣示與做出保證，那麼當你說著「希望大家都能配合與協助」這句話時，才能得到好的回應。

面對因缺乏溝通而對你不信任、不為所動的員工們，若你只會揶揄他們是「加拉巴哥群島人」，就算你自認是私下說的，但這種話其實很快就會傳遍全公司。別說改革了，公司整體的氣氛只會因此變得更糟。

面對「以加班費為目的」問題

在繼續「電通改革」這個話題前，我想先分享一段我待在電通集團子公司時所發生的故事。

如同我在序章的說明，我自二〇一三年起被借調到集團內負責網路廣告業務的子公司，擔任該公司的執行副總裁兼ＣＦＯ。

當時我肩負的重要任務之一，就是改善該公司長期以來的超時工作問題。時值該公司的副社長升職就任社長，而在新任社長的領導下，該公司正在進行縮短工時改革計畫（剛好比電通總公司早了幾年）。

我赴任的時候，公司多數員工都會加班到需要去趕末班電車的程度，這已是他們的常態。

這是因為公司的「視同加班工資」制度所造成的局面。公司表定下班時間是六點三十分，但每位員工的薪資計算則是包含了兩小時十五分鐘的「視同加班工資」，也就是六點三十分準時下班與八點四十五分之前下班，實際領到的薪資都一樣。

站在經營者的立場，認為這是「即便六點三十分準時下班回家，公司依然『多給』了兩小時十五分鐘的『視同加班工資』，這可是『優厚待遇』」。

可是員工並不這麼想。實際上，員工的認知是「必須加班到超過八點四十五分，才會開始計算加班費。」

這才是真實的情況。

這是非常理所當然的判斷，絕對不是什麼「惡劣的員工心態」。

員工們會在過了八點四十五分之後才拿出幹勁，並以非常驚人的效率處理工作。畢竟若是為了賺加班費而導致沒趕上末班電車，不僅得不償失，甚至可說是本末倒置。

然而在這樣的制度下呼籲「減少加班」，自然沒有任何效果。

尤其身為經營者的你竟然還說員工是「為了賺加班費，故意拖拖拉拉」……後果可想而知。

我一再強調，認為受雇員工要自己思考並且自律、改革自己的工作方式，這種想法完全只是經營者的推託與怠慢。

需要改革工作方式的，是「老闆」而非「員工」。

因此，公司的經營團隊在痛定思痛之後，下定決心要修改目前這種會讓員工因「想賺加班費」而超時工作的規則與薪資制度。

表定工作時間之外的勞動津貼（加班費），其計算的方式不再是從八點四十五分開始，而是改成過了六點三十分就會開始計算。

經營團隊中也有人表示「過了六點三十分就開始計算，難道不會導致加班費大幅增加嗎？」

儘管懷抱著不安，但最後團隊仍決定「就是要這麼做」。

即使公司的加班費支出會暫時增加，但公司一定都會支付（這是當然的）。

即使公司的人事費用成本因此增加，但是規劃給員工的獎金也絕對不會因此減少。

社長做出這樣的承諾之後，便開始大力呼籲員工減少加班。

消除「縮短工時＝減少加班費」的印象

當我們開始呼籲大家縮短工時、減少加班之際，我們意識到——必須不斷向員工強調「縮短工時，絕對不是為了縮減人事費用」這件事。

同時，為了證明公司不是只有喊喊口號而已，我們進一步宣示：

「公司會公開總人事費用的支出。就算加班費的支出增加了，也絕對不會動用到獎金的部分。而因縮短工時而減少的加班費，將會以獎金的形式全部返還給各位。」

「過去編列給各位的加班費，今後都將以獎金的形式發放，請大家安心地在表定時間六點三十分下班吧！」

此外，我們也實施了每月兩天的「不加班日」。其中一天的「不加班日」由公司來決定，這一天就是全公司人員都不加班；另外一天就由每個部門的數人小團隊視工作狀況自行決定。

「不加班日」當天，所有人員六點就要下班。值得紀念的第一次實行日期，是在二〇一四年十月三十一日。這在當時的網路廣告業界可說是史無前例，我永遠都記得，當天到了晚上七點，辦公室裡已經空無一人，我是最後一個離開公司的人的心情。

員工們也很快就適應了制度的變化。在「不加班日」以外的日子，雖然還無法到了六點三十分就乾脆地說「我先走囉～」，但是有越來越多人最晚到了八點多就會下班。我認為這相當合理，也是應該的。

如此全公司上下總動員的成果，整體的加班時間大幅減少了。

並且，「生產力」意即「利潤 ÷ 投入時間」的結果有了顯著提昇。

「透過數位科技提高業務效率」反遭到厭惡

我記得不久之前，在社論上經常可以看到呼籲企業要進行「DX」，也就是

「數位轉型」。

感覺就像是某些企業經營者想要營造「敝公司有在進行數位轉型喔！」這樣的形象，用以回應社會輿論需求。

我在二〇一九年獨立創業之後，也曾經協助過幾家企業進行「數位轉型專案」，遺憾的是當中也有幾個案子中途停止了。

而企業宣布中止的理由，一方面是因為新冠疫情導致公司的業績惡化，另一方面則是——「基層表示反對」。

為什麼基層會強烈反對到讓公司喊停的地步？

為什麼陽奉陰違的搞破壞手段又再度上演？

投入大筆資金導入了數位轉型的系統與設備，結果卻被基層說「哎呀，這個實在很難用」然後束之高閣，繞了一大圈最後還是使用最熟悉的 Excel 檔案。這到底是為什麼呢？

「這就是受雇員工的劣根性啦，總之他們就是討厭改變，什麼都反對啦！」

如果身為經營者的你單方面這麼想比較舒心的話，那只能說你的「轉型欲」

也就只有這點程度而已。

如果你是真的發自內心強烈地希望公司轉型，為何不認真地去深入了解員工們如此厭惡數位轉型的原因呢？

說不定，當你深入了解之後會發現，你的員工之中，意外地有很多人其實很不擅長使用數位設備（例如電腦及智慧型手機）。

想要營造「數位轉型」形象的企業，往往第一步就是先篩選出「哪些作業可以透過數位轉型來提高效率？」（尤其外部的諮詢顧問業者是這方面的行家，他們擁有豐富的知識專業可以協助篩選評估）。

但是，對於真正迫切渴求數位轉型的公司來說，這卻是錯誤的第一步。

正確的第一步應該是，先調查公司員工「全部都會使用鍵盤輸入嗎？」而不是調查是否會使用電腦喔。我說的是敲打鍵盤，也就是打字、輸入指令等。

用最簡單地方式說，所謂的數位轉型，基本就是客戶或公司員工「將資料輸入至網頁表單」。因此，若真的要將公司的業務作業做數位轉型，那麼員工至少要達到可以不看鍵盤就能輸入的程度，否則根本就甭談了。

還有，若是真的要使用辦公室軟體來處理業務作業，也必須熟記一定數量的快捷鍵組合。右手一直在鍵盤與滑鼠間游來移去，這實在太浪費時間了，根本沒有意義。

然而，能夠將鍵盤順暢運用自如的員工，其實出乎意料地是少數。當然，工程師或程式設計師這類的就不在此列。

大多數自稱「很會用電腦」的人，其實操作的速度非常之慢，有些甚至是可以說是「拙劣」的地步。用高爾夫來比喻的話，就是不管怎麼打都無法低於一百二十桿（這樣大家能懂嗎？）

十五年來，智慧型手機已經成為我們生活中不可或缺的一部分。有些大學的文學院學生，因為不會使用鍵盤，只好用手機來寫畢業論文。連借用ＡＩ的力量都要靠手機，現在就是這樣的世代。

與辦公室業務相關的應用軟體也越來越多，因此也有為數不少的上班族會使用手機來辦公。一個人手機片刻不離身，甚至會一邊走路一邊滑手機，這都不代表這個人擁有高度的數位技能。他只是很熟悉手機畫面顯示的文字及影片，利用滑動手指輸入的手速很快罷了。

還有，手機上的程式以及提供的服務都必須非常易於使用。只要有一點點難用的狀況，就會收到使用者毫不留情的嚴厲批評，因此這些應用軟體要嘛很快就會得到廠商改善，要嘛就是很快消失。在現在這個時代，這是理所當然、近乎自然的事情。

相較之下，公司依照諮詢顧問公司的建議所引進的「數位系統／軟體／程式」，總覺得難用得要死。畫面感覺很死板、設計很遜，界面又醜，完全讓人提不起勁使用。

目前市面上大多數的「按需即用軟體（又稱軟體即服務：Software as a Service，簡稱ＳａａＳ）」都是美國製，畫面上的指令都是直譯成日文，其實相當難以理解其意思，也沒有日本企業最喜歡的客製化服務。

最重要的是，這些軟體所需要的輸入設備就是「鍵盤」。不管再怎麼滑都無法輸入，當然也無法觸控。

在這樣的情況下，這些人聽到老闆說：「怎麼樣？這可是美國的數位軟體工具喔！這樣應該可以提高工作效率了吧？可以早點下班回家，應該很開心吧？」

我想他們只會覺得「老闆根本搞不清楚狀況」。

然而，員工絕對不會主動承認「我不會用鍵盤，其實就連電腦也不太會用」。反之，為了抵抗公司的數位轉型，員工會洋洋灑灑列出至少二十條新數位系統工具的缺點，以及改變作業方式所造成的負面影響。

最後，再打出一擊必殺的台詞，讓你啞口無言。

「我們明白數位轉型的重要性，但是公司推廣數位轉型的手法實在太粗暴、太亂來了，我們實在無法配合！」

此時，驀然回首，當初給予「只要引進敝公司的SaaS，就能讓業務作業變得更輕鬆唷～」的外部顧問，早已逃之夭夭，消失無蹤了。

就像這樣，任何事情都有「真正的原因」及「表面的原因」。

「真正的原因」向來不容易發現。就像只有除掉地面上的雜草，卻沒有往下刨除雜草的根，那麼除草永遠除不完。

鐵則2 理解基層反抗的「真正原因」重點整理

①「基層」絕對不會毫無理由抵抗改革或改變，背後一定隱藏著合理的理由。

②就算經營者清楚明白改革所帶來的好處，也不要一廂情願認為基層一定也會有共鳴或理解。

③責備基層毫無任何意義，必須找出真正的原因，「向下刨根」才能有成效。

鐵則 3

基層的「頭兒」由社長親自說服

經營者全力進行「縮短工廠工作時間」

從日本的戰後時期、高度成長期、一直到泡沫經濟期，日本的製造業可說是席捲了全世界。而這股動力的來源，正是「工廠」徹底執行效率化作業，也就是縮短工時。

工廠的縮短工時，是將所有人員及機器的每個動作一步一步拆解，每一個步驟都視為程序上的最小單位。改善的目標也非常具體，例如減少人員起立、坐下的次數、物品或機械之間的移動距離盡可能縮短、讓機器的運作高速化等。

二十世紀初期誕生於美國的「泰勒科學管理原則」，這套理論經過戰後時期的日本經營者們長年打磨精進，造就了日本現在能享譽全球的生產體系。

工廠的縮短工時經驗，幾乎可以說是日本代表性的特長，日本的製造業經營者在這方面可說是磨練得爐火純青。

相較之下，日本企業的經營團隊在「辦公室的縮短工時」這方面簡直就是徹底懈怠。這麼說一點都不為過。

與員工的「一舉一動」都會受到監督與測量的工廠完全相反，辦公室文化是將工作方式等問題，「全部」丟給基層自行決定。

這導致了一家公司的運轉，全部都仰賴基層工作。於是每家公司的基層們會根據不同部門，各自一步一腳印構築作業流程、制定規則、費盡心力只為了減少失誤產生。

長期下來，公司的每一個部門基層之中，就會誕生一個掌控所有作業流程的「頭兒」。若是這個頭兒不同意、不配合，那別說縮短工時了，公司的任何改革都不會成功。

基層的頭兒是什麼樣的存在？

二〇〇一年十二月，美國的大型能源企業「安隆」（Enron），因鉅額的會計舞弊及竄改財務報表，最終宣布破產。這就是著名的「安隆醜聞案」。

搜查團隊為了徹底查明竄改財務報表的真相，他們調查了安隆公司內部約一百五十萬封電子郵件。

結果，發現了令人意外的事實。下達竄改財務報表具體指示的人，不是公司老闆，也不是經營層團隊，竟然是一名出身基層的員工。

當然，允許並主導竄改財務報表的責任在於經營團隊毋庸置疑，但——「這件事去問A該怎麼做」，感覺當時在安隆公司內部，就像這樣把「下達具體指示」的權責交給基層的某個特定員工了。

基層的頭兒，就是這樣子的存在。或許我舉的例子太負面了，真是抱歉。我絕對不是說基層的頭兒就是犯罪核心。說是頭兒，但其實大多數看起來都沒有刻板印象中「老大」的樣子。

更別說想像中那種交叉雙臂、穩穩坐在位子上，全身散發出強烈敵對氣場，對老闆說：「老闆，聽說你對我們部門的工作方式有不滿是嗎？」

這種嗆聲事實上根本不可能發生。

大多數的頭兒在職場上其實並不引人注目。他們既不會搶著出風頭，也不需要汲汲營營表現出「我很認真工作」的態度。應該說，他們沒必要這麼做。他們受到基層大家的信賴，不論是誰向他們提問求救，他們絕不會面露不耐。

「這份文件要改成這樣寫，就絕對不會被主管退件。」

「就這樣交出去的話一定會被打槍，我建議最好加上那份附件。」

頭兒深知所有業務作業的眉角與隱情。因為有頭兒的存在，才能讓基層每天的工作都能圓滑運作。

想當然，該部門的主管也會非常倚賴頭兒。應該說，明明身為長官卻也要敬頭兒三分。

如果部長就是從該部門內部晉升上來的，自然不用多說；就算是從其他部門調動過來擔任部長，新官上任、初來乍到，肯定也會立馬搞清楚：到底誰才是這裡的頭兒。

要是搞不清楚的話，什麼工作都做不了。

頭兒可以說是職場裡最重要的關鍵人物。要實施縮短工時改革，社長一定要把「基層的頭兒」都網羅到自己的陣營才行。

基層的頭兒其實很多都沒有「頭銜」或「官階」。他們不執著於爭取晉升管理職或成為經營高層，他們只是長年在基層奮鬥，對於自己所屬部門的工作比任何人都清楚熟悉。

正因為頭兒是最清楚基層工作的人，他們通常擁有「**我才是撐起這個部門的人**」這種強烈的自負；他們抱持著這種自負，默默支持著基層的所有同仁，也默默守護著後輩們「出人頭地」。

走「內部晉升」路線而成為社長的經營者，想必年輕時肯定受過頭兒不少照顧吧，應該也是一直努力與頭兒維持好交情。畢竟不受頭兒青睞的話，也不可能爬到現在的地位。

這類型的社長，或許會認為頭兒應該會義氣相挺、大力協助自己提出的縮短工時改革。

這想法實在是太過天真了，若沒有花費心力好好地先與頭兒溝通，那麼頭兒可能反倒成為縮短工時改革最難應付的反對勢力。

主張「無法縮短工時」的人

基層的頭兒要怎麼反抗公司的縮短工時改革？其實非常簡單。

假設公司現在要針對「結算經費」進行縮短工時改革，舉例來說，公司決定「必須使用公司的企業信用卡來支付所有公費支出」。理論上，這也意味著所有的現金交易及私人信用卡，都不能作為報公帳的憑證依據。

但此時，若頭兒表示反對的話，那會發生什麼事？

・我們很常去採買禮盒及伴手禮的老百貨店，他們只能事後用「請款單」來申請報帳。因為那家百貨店內部的規矩是，一定要用請款單請款，若是我們現場用信用卡支付的話，該筆交易就不會列入該店工作人員的銷售業績了。

・重視傳統接待的老店及料亭，他們也只接受事後用「請款單」來申請報帳。因為基本上，這些場所根本不可能讓客人在當下做出「付錢」的動作。

只要頭兒想反對，這個部門的結算經費改革絕對就此停滯。無可避免。

這不是說那我們去跟百貨店交涉，或是某家老牌餐廳可以例外、其他場所統一規定只能使用公司信用卡這種程度的問題。只要頭兒明確地擺出反對的態勢，那些列舉出來的理由其實都沒有真正的意義，為反而反罷了。

當基層的頭兒說「ＮＯ」的時候，你就該做好縮短工時改革註定失敗的心理準備。

首先從頭兒開始遊說

當頭兒提出一堆「無法縮短工時的理由」時，身為老闆的你不管祭出多少改革方案來回應，這種正攻法其實起不了任何作用。

甚至，你高呼「再不改變就跟不上時代了」、「改革工作環境的第一步就是縮短工時」這種冠冕堂皇的大道理，也只會造成反效果。

基層的頭兒很可能同時也是以前跟你一起打拚的老同事，為什麼他們會如此反對你的縮短工時改革？

說到底，就是一股「憑什麼現在要求我們改變」的怒氣。

「從以前到現在，公司把『辦公室的工作方式』全部丟給我們『基層』自己處理！我們為了應付各種狀況絞盡腦汁、拚盡全力在工作上，讓公司得以順利運作，結果現在卻說要改革？是在指責我們過去的方式都錯了嗎？」

當身為經營者的你想要著手公司的改革時，首先第一步，就是必須**深刻反省公司經營團隊至今以來毫無作為**。

縮短工時改革，其實就是一種「否定」基層經過長期累積、磨練而來的「工作方式」的行為。尤其，這也會嚴重打擊頭兒的自尊心。

先向頭兒低頭、展現誠意吧。千萬別想說派個社長室發言人或隨便找個企劃經營部的高階主管當打手，這樣就毫無意義了。

由社長親自與頭兒進行懇談才是最正確的方式。

這些資深的頭兒們的精神依靠，就只有工作上的自尊心了。這並不是什麼罕見的狀況。他們從入社以來就一直看著經營高層的變遷，然而所採取的管理方式卻是各種半吊子；自稱是經營者，在管理方面的表現卻比業餘還不如。

而且，將員工當成家人的經營模式早已成為過去式，公司變成削減成本（並強調遵守法規）至上。

員工宿舍及員工專屬的特約休憩設施都賣掉了，退休基金也從確定給付制（DB）變成確定提撥制（DC）[1]，還多了個莫名其妙的「半年度績效評估」考核制度。

「雖然這是一家爛公司，接任的經營者一個個都是廢物，但是我一定要好好保護我與前輩們好不容易打下的『江山』！為了我的職涯，我絕對會堅持到最後一刻！」

越是資深的頭兒們，很高機率心裡就是這麼想的。

依照職等分級，「部長→本部長→高層經理→社長」，若是想要用這種一層一層有如傳話遊戲般的方式來向基層的頭兒們說：「公司決定接下來將要進行縮短工時改革，因此希望能夠借重你們基層的智慧與經驗，以上。」

這完完全全就是適得其反。想要打破僵局，唯一的辦法就是由社長親自與頭兒一對一，直接面談。

面談時，社長唯一要做的事情，就是誠實地道歉。**承認過去經營高層將責任「丟包」的錯誤**：「一直以來，公司的經營高層不要說是工廠的工程作業了，連辦公室基層人員的業務工作都沒有好好進行了解。」

「因為經營高層的施策無方、無所作為，導致大家累積了太多非表定的工作量，我真的感到非常抱歉。」

請秉持著這樣的心態，好好地向基層的頭兒強調以下三個重點。

①身為社長，我有責任領導公司進行縮短工時改革。我絕對不會把這份重責大任丟包給任何人。

②儘管如此，若沒有向您這樣資深又熟知○○作業眉角的人才，改革一定不

1 編按：DB指雇主承諾員工於退休時，按照約定的退休辦法支付定額退休金；退休金數字為固定的，並與薪資及年資有關。DC為個人專戶方式給付，員工領到的數字會與歷年提撥金額、基金運用的成果有關。

會成功，因此我希望能夠借重您的經驗與智慧。一直以來，您有沒有想過某些作業方式「可以改成這樣就好了」或是「這個真的毫無意義，為什麼不能不做」這類實務工作上的建議，希望您能夠全部直接說出來。

③最終公司必須將所有部門統合起來，集眾人之力來進行改革。但這是部長等級以上的管理職主管必須負責的事情。各部門之間統合協調的任務，絕對不會丟給基層處理，絕對不會讓你一個人承擔風險。

舉辦「說明會」

為了不要讓部門之間統合協調的風險轉嫁到頭兒們的身上，必須由公司主導，舉辦讓所有部門員工都能參加的「說明會」。例如「縮短工時專案計畫說明會」、「實務改革推進說明會」等。

這與「下達公司決策事項」的布達儀式截然不同。

在各部門部屬的集合會議上，本來就應該由擔任社長的你來主導發言才對吧。不過，只有社長一個人實在分身乏術之時，事先教育代替社長的高階幹部該如何正確發言，絕對有其必要。

千萬不能讓幹部自己即興發揮，此乃大忌。

這件事的重要性千萬不可小覷，在這種場合若是幹部失言，不只是該部門，幹部失言的內容瞬間就會傳遍公司上下，然後員工們就會私下說「果然公司又只是在做做樣子」之類。

請務必好好教育幹部們，具體且正確的發言方式。

根據社長的判斷，或許會發現有些幹部並不適合出現在說明會那樣的場合。這類型的說明會，往往當下的氣氛會變得很像員工針對幹部或負責人的「彈劾大會」。若是被那樣的氣勢嚇到，不小心脫口而出：「基層過去的工作方式都太浪費時間了！」

這將會造成莫大的傷害。不善言詞的幹部，最好不要讓他在場。

我再強調一次，縮短工時改革，完全就是在否定既有的工作方式。

然而，**既有的工作方式流程會變得如此煩冗，這完全不是基層的錯**，而是將作業流程的制定等事項，全部丟包給辦公室基層，歷代經營高層們的錯。

如果高階幹部中有人無法好好進行說明，甚至只想打馬虎眼敷衍過去，那麼這種人絕對不可以站上檯面。

在電通，當時我們也為各個部門舉辦了多次的專案說明會。

最重要的重點，就是時間分配。

傳統的那種，一小時的說明會中有五十分鐘都是資方的人在做落落長的說明（還要搭配厚顏無恥地播放滿是文字又死板無趣的投影片），最後十分鐘才開放給現場人員舉手提問，這絕對行不通。

資方的說明，最多二十分鐘，現場問答的時間則必須要有四十分鐘。參加說明會的員工當中，應該會有人接二連三地發出不平之聲。

「明明就是公司一直以來都把所有的工作業務丟包給我們基層，現在突然說希望我們協助是什麼意思？」

「請問高層是不是又想要讓基層揹鍋？千錯萬錯都是基層的錯，高層又想切割嗎？」

「公司這樣不會太自私了嗎！」

此時千萬不要退縮，反而要鼓勵員工繼續多多發表意見。

電通的時候，狀況倒是有點不一樣。

首先，員工們大多都能接受縮短工時改革乃當務之急這件事，甚至大家對於公司過去將作業流程丟包基層處理這點也幾乎沒有責備。一直以來各部門基層針對自己的工作業務進行了各自的「客製化」流程制定，對於這點，大家反而是給予「肯定」。

因此，在說明會上，大家紛紛提出質疑的點，都不是針對「公司是否誠實」，而是「公司該不會天真的以為，全公司所有部門的工作業務流程都可以統一標準化吧？」

這是個非常嚴肅正經的議題。

一定要鼓勵員工在說明會上，**將基層第一線所遇到工作實務狀況與問題點轉化為文字、多多說出來**。這正是改革專案在初期所必須解決的重要難關。

對「過於合作的人」要注意

我稍微換個角度來說說。

公司開始陸續舉辦說明會、縮短工時改革也正式上路，這種時候偶爾會出現這一種人——「我非常贊成縮短工時！請務必讓我為這次的改革出一份力！」

對於在說明會上拚命說服基層、陷入苦戰的改革專案負責人來說，這種人的出現簡直就像是在沙漠中看見綠洲的希望之光一樣。

「我等待像你這樣的人好久了！讓我們一起進行縮短工時吧！」

就這樣，以為增加了夥伴，大家一起攜手投入改革大業……在這美好的夢想藍圖之前，我建議你務必謹慎小心。

尤其身為改革專案的主要負責人，請一定要有危機意識，當員工之中出現高呼「我也想加入改革專案！」的人，你就要打開你的警戒天線了。

為什麼要特別警戒聲稱自己願意協助進行改革的人呢？

容我不厭其煩地再說一次，**包含縮短工時在內的所有改革，全部都是在否定既有工作模式的粗暴療法**。

所有認真工作的基層人員以及他們所信賴的頭兒，絕對不可能樂觀積極地接受改革。就算他們充分了解改革將帶來的好處與效果，但其過程有多麼麻煩又辛苦，他們也比誰都清楚，所以才反對改革。

有一種說法，若你想要交付一件重要的工作，你最好去找那種在聽到你交付的內容後，會一臉不開心地回答你「這個很麻煩耶，一定要做嗎？」的人。

這是因為，會馬上說出「這個很麻煩」的人，代表他非常快速就能在腦中模擬完成這項工作所需要的流程。執行所需的步驟、時間、協調、風險等要素，在他的腦中一瞬間就很清楚，所以他才會立馬就意識到「麻煩」。

「我說你啊，你一直嚷嚷著縮短工時，你真的知道這有多麻煩、影響層面多重大嗎？」

如果資深又經驗豐富的老鳥對你提出這樣的質疑，而你又能說服他的話，如此就能大大降低準備不足及過度樂觀評估所造成的風險。

反而那些一派輕鬆高呼著「我非常樂意參與改革！」的人，他很有可能完全不明白改革之路有多麼的艱辛又漫長。

甚至他們心裡還以為縮短工時改革應該會「進行得很順利吧」、「這差事根本太輕鬆」。

這種人在專案正式開跑前會很有衝勁，然而專案正式開跑之後就會變得安靜。然後就會聽到他抱怨「大家都不聽我的話啊」、「公司的態度就不能再強硬一點嗎？叫大家要照專案人員的話去做啊！」之類的言論。

很高機率，這樣的人八成以為有公司當後盾的話，就可以借助公司的力量來獲得個人的權力，也就是狐假虎威。就是基於這樣的心態，他才會主動舉手要求加入專案團隊。

再更進一步說，**驅使他舉手要求加入的背後動力，很有可能是出於「對目前職場的不滿」**。與其說是對工作流程的不滿，不如說是對職場人際關係的不滿。甚至有可能他對同事抱持著憎恨的心態。

這樣的人在工作上不求精進，周圍的人對他也沒有信賴感，也得不到像樣的工作機會。就是因為如此，所以他才想要加入改革專案（尤其這又是由公司主導的活動）。

「不怕神一般的對手，只怕豬一般的隊友」。身為經營者，不可不慎。

員工恐懼的「職場孤立」

先前提到的說明會（基層的集會），在開辦前請務必要好好地獲得頭兒的理解之後再進行。

為什麼必須要先好好「按捺」頭兒呢？其中一個原因就是，要讓頭兒明白「公司有先問你的意見喔」這件事。

還有一點，要展現公司絕對不會要求頭兒去負責統整現場的狀況。這些措施最重要的要點就在於，期望頭兒「幫公司說話」乃是下下之策。

近年來，「員工的心理安全感」越來越受到重視。這是由哈佛商學院的艾美・艾德蒙森（Amy C. Edmondson）所提出的心理學專門術語，她透過學術研究發現，**成員的心理安全感對組織管理成效至關重要**。也就是說，職場中的成員，「必須確保自己在所屬團隊中，不會被其他成員拒絕自己的發言，也不會因此受到懲罰」如此才能產生「安全感」。

再說得更簡單一點，也就是自己的「立場」必須受到「保障」。這不單指薪酬或地位，而是除非員工很明確知道自己在「基層」中的立場不會受到傷害，否則基層員工絕對不會輕易配合公司決策。然而，有非常多的經營者都忘記了這件重要的事。

參與公司改革專案的基層人員，其實很難獲得同事的諒解。極端一點的說法，就是大家會覺得他是「打小報告的人」。

甚至，大家會認為他這種否定公司基層的行為形同「叛徒」。其結果就是造到職場霸凌、被孤立。

近年來，隨著「企業合規管理」成為趨勢，對於「針對公司內部的霸凌騷擾、貪汙、組織違法或偽造等情事進行告發者」，必須制定保護該員不會遭到報復的制度。就企業的官方立場而言，至少得做個樣子。

但是，與告發非法行為者不同，現實上並沒有任何制度或法律可以保護參與改革專案的人。就連官方立場做做樣子都沒有。

因此，當這些參與公司改革專案的人，遇上了「不願意職場的現狀有任何改變的人」時，大多都會遭到不友善的對待。要解讀這就是基層的頭兒的意思也不奇怪。

至今，公司的經營高層們，實在是不能說有好好保護這些參與改革的員工免受被孤立霸凌的陰影。

為什麼「公司為了改革而導入的新系統工具」卻沒有人想使用？

為什麼他們選擇「陽奉陰違」，假裝服從上級的命令，背地裡卻無作為？

這是因為他們害怕一旦不小心做出了「協助改革」的行為，會讓自己失去在職場的「地位」與「容身之處」。

經營者不去了解根本原因，只會責備「你們這些員工就是討厭改變」，那麼改革絕對不會有進展，註定失敗收場。

不可縮短「縮短工時」的過程

閱讀【鐵則3】至此的讀者朋友，你或許會這麼想。

「反正，就是叫我們要謹慎細膩地去『溝通協調』就對了嘛？」

正是如此。

許多公司在進行縮短工時改革時會受挫，就是因為他們試圖「縮短」進行縮短工時的過程，這樣當然會失敗。

關於**說服基層所需要花費的時間與精力，絕對不能偷工減料**，也不能想著節省時間。

那些站在主導改革專案立場的人，很容易會「看輕」跟自己同公司的員工。擅自認定「大家都同公司的嘛，對方一定會懂的啦」結果就掉以輕心了。這也是為什麼他們往往會想要省去「細心說服」這項麻煩。

有很長一段時間，日本的生意精神鐵則是視「顧客滿意度」（Customers'

Satisfaction，簡稱CS）為最優先事項。也就是流傳已久的「客人就是神」。

然而，時至今日，**在重視顧客滿意度之前，應該要先重視「員工滿意度」**（Employees' Satisfaction，簡稱ES），這樣的思維漸漸成為主流。

「比起CS，應該要更重視ES」。畢竟若你的員工處在一個對公司不滿的狀態下，他就不可能為顧客提供良好的服務體驗。

想一想，要向顧客提出提案、說明、說服、連請求也包括在內，這需要花費多少的時間與精力、成本？

再回想一下，為了要讓顧客驚豔、歡喜、要從競業對手手中搶到這筆生意，到底需要準備多少繁複的資料？你應該要採取同樣的規格，不，甚至是更加倍慎重地對待自己公司的員工。

如果你聽到我這麼說，你的反應是「別笑死人了，我是為了什麼每個月付他們不算便宜的薪水啊？」我想你的「經營觀」需要非常大幅度的更新。

只有更新還不夠，應該連整個作業系統都要換掉了。

這個新的作業系統名為「人本經營」。重點就是，一家被人才嫌棄的企業，想要持續被客戶選上並且成長，是絕對不可能的事情。

「正是因為要說服自家員工，所以更不可以縮短時程。」

這個道理，用在與自己家人溝通說不定也適用喔。

鐵則3　基層的頭兒由社長親自說服　重點整理

①依照與「基層的頭兒」溝通→舉辦「說明會」→導入有效率的系統工具，這樣的順序進行。

②「參與改革專案的人」，容易在職場上顯得突兀，這點務必理解。

③說服基層所需要花費的時間及過程，絕對不能「縮短」。

鐵則 4

肯定基層的「一切」

「叫基層自己條列出無效作業」是最糟糕的手段

不見得所有的老闆都可以擄獲基層頭兒的心，但至少還是可以讓頭兒們發揮居中溝通協調的功能。接下來，進入舉辦說明會的環節，此時，我們終於要真正開始著手「縮短工時改革」了。

到了這個階段，我相信專案團隊中的執行負責人及小分隊等應該都已經指派就位了。雖然不能一概而論，但我必須說，很高機率專案團隊中的執行負責人會說出這樣的意見——「請基層自行條列出業務流程中的無效作業吧！」

這種話千萬不能由主導改革專案的團隊說出來，萬萬不可。絕對不要讓他們說出這種話。反之，應該要由老闆來發言。

「至今公司到底塞了多少浪費時間的無效作業給基層，可以請你們條列出來告訴我嗎？」

老闆的這一句話，將會大大影響縮短工時改革，意即既有業務流程改革專案的成敗。

所有需要縮短工時的狀況，都是過去公司漠不關心、毫無作為所導致。與工廠的型態不同，公司的經營層將辦公室作業程序的構築全部丟包給基層，才會造成現在這樣的局面，這完全是公司經營層的責任。主導改革的資方，必須貫徹這項認知，在執行縮短工時改革時更必須注意自己的立場與態度。

因此，叫基層「列出你們目前的無效作業清單」這種天方夜譚就千萬別說了。「所有的無效作業，都是公司硬塞給基層所造成的。」

這個心態絕對不可以動搖，也務必要讓專案團隊的所有成員都有這樣的認知。這就是鐵則4「肯定基層的『一切』」的重點核心。

列出「各項業務流程所需花費的時間」

肯定了基層的現狀之後，下一次該怎麼做才能讓縮短工時改革順利進行呢？

「是的，誠如您所說，我們並沒有浪費時間做無效作業！」如果基層就是這樣回答，又該怎麼應對？

這時候，我們必須進行「徹底掌握現狀」這一步。

「請問你在什麼項目的什麼作業、每一個步驟各花費了多少時間？」

也就是實施普查。

這裡設定問題的方式非常重要。

①不是叫員工列出「無效作業」清單，而是根據現狀，調查每位員工目前手上的業務工作，針對各項流程到底需要花費多少時間才能完成。不以評斷「有效」、「無效」為前提，而是客觀且實際地進行調查。

②不以業務單位區分，而是將每一項工作的構築「程序」進行分解。

③每項業務作業以「月」為基準。但是，每季或每年才會執行一次的特殊業務則獨立出來，另外處理。

關於①，我方才已經進行說明了，現在我就針對②來做更詳細的解釋吧。

以「準備會議用的資料」這項業務工作為例。

作業程序應該「分解」到什麼程度？

這裡的問題設計方式，不是「準備會議用的資料，這項工作需要花費多少時間？」而是「請將『準備會議用的資料』這項工作分解成五個步驟（程序），各步驟需要花費多少時間才能完成？」這樣提問才正確。

每一項工作其實都是由複數個步驟程序所組成，我們的目的是縮短工時，為了達成這個目的，必須確實地**縮減每一個流程步驟所需要花費的時間**。**如果做不到這點，那乾脆廢掉這個工作項目算了**。

推行縮短工時改革最重要的一點，就是要逐一檢視每一項工作流程，仔細進行評估哪些環節可以省略、或者縮減所需時數。這在工廠體系進行生產管理時，可說是理所當然該做的事。

經營者以與工廠改革相同的視角來進行辦公室的縮短工時改革，這樣的心態正是能否獲得員工理解的關鍵。

這並不局限於製造產業，對於某些沒有設置工廠（生產）部門的企業來說也同樣適用。

（舉例）準備會議用的資料

流程① 依據議題蒐集相關情報資料……2小時

流程② 思考得來的資料並整理歸納……2小時

流程③ 製作約二十頁的投影簡報……3小時

流程④ 向管理職主管預演說明並進行後續調整……1小時

流程⑤ 輸出列印參加會議者約三十人份的紙本資料、上釘書針、事先到會議室將資料發至各個座位……1小時

※上列步驟時數總計9小時

透過像這樣的方式，根據工作項目的流程步驟，明確地列出所需的時間。

讀到這裡，想必大家都發現了吧，如果把「分解」步驟的工作丟給每位員工自行列出，那肯定會一團亂，每個人分解的程度都不一樣，根本難以蒐集資料並進行分析。因此，我們可以像下列這樣將工作項目加以分類，變成公司內部的作業流程標準化的表格。

A類：全公司廣泛通用的工作。例如「準備會議用的資料」、「申請代墊的經費暨請款」。

B類：特定部門內廣泛通用的工作。例如廣告製作部門的「拍攝電視廣告前置作業」。

C類：跨部門、由管理職或專業職才能進行的工作。例如「人事考核」。

D類：非通用類型的工作。

A、B、C類由公司集中建立作業流程標準化的表格，分發給員工進行填寫即可。而在製作這份作業流程標準化的表格時，必須要進行徹底的訪問調查。

此時，經營者親自向各部門或各專業職的頭兒展現誠意、慰勞的行動就發揮效果了。

基層都在執行些什麼樣的工作？為了執行這些工作，又必須進行哪些流程？資方越能夠獲得頭兒們的全面協助，就越能夠設計出讓所有員工都能接受的調查問卷，在填寫時也會更順利。

更重要的是，**當基層知道這個調查並不是公司的強硬施策，而是頭兒也有參與問卷設計，如此就會連基層都願意配合協助**。

這類型的問卷設計，至少必須花兩個月。絕對不可以縮短這個時程。

然而，也不能花超過兩個月以上的時間在設計問卷。問卷內容若是設計得太過精細，儘管能更詳細了解各工作項目流程，但也會因此過度鑽牛角尖，連員工的一舉一動都變成調查項目了。

如此就是本末倒置，不可不慎。

調查的時候，不要將作業流程過度細分，這點相當重要。建議老闆要明確指示改革團隊，兩個月就要完成問卷的問題設計。

「盤點」各項業務流程

問卷設計完成之後，接下來就是要「盤點」各項業務流程，也就是請員工填寫問卷。這個過程約莫需要兩個工作天才能完成。若以少數量分批進行與回覆，則有可能會需要兩週的時間也不一定。

「不是叫我們要縮短工時嗎？幹嘛還要增加無謂的工作（寫問卷）給我們啊？」我相信一定會有員工對此感到不滿與疑惑。

但是，只要看到最後統計出來的結果，我敢說，大家的意識一定會開始改變。請務必相信這一點，鼓勵員工填寫問卷吧。

不過，一定也有可能會出現少數不配合的人，例如問卷總是只填「其他」的那種人。這種時候，我還是會希望能不屈不撓地去試著說服對方。但萬一對方是寧死不屈的超級硬脾氣，或者是很不擅長這種「業務流程盤點」的方式，那我們也只能把他的資料排除在外了。

在電通，當時公司下定決心、堅持到底，對六千名以上的員工進行了問卷調查。前面我提到的那些不滿與質疑接二連三從各部門傳出，甚至有些充滿威脅性、危險性的訊息還直接發送到行政總部。

花了一個月，總算是完成了所有員工的業務流程盤點調查。而當大家看到統計結果出爐時，公司內部的氣氛很明顯改變了。

因為大家發現，原本自認為是花費精神與腦力去做「動腦的工作」並因此投入了大量的時間，但結果其實大多都只是單純的「勞力作業」。

當前做的事是正確的，我們只是縮短時間

在電通，當時針對各個部門，我們召開了好幾次的員工座談會。在座談會中，我們仔細檢視了「業務流程盤點清單」。

全公司的業務流程清單竟高達數萬件之多。我們逐一檢視，在尊重基層意見

的同時，也與基層一起討論「能不能提高作業效率」、「哪些程序其實可以省略」、「先不提程序了，這項業務工作本身是否可以廢除掉呢？」這些議題。

以前面的「準備會議用的資料」這項業務工作為例，有人認為流程①的「蒐集資料」應該可以改成利用公司外部的付費資料庫網站，更別提現在都還能使用ＡＩ呢。而流程③的「製作投影簡報」，也有一些意見認為交給ＡＩ打草稿，應該就會省時許多。

最關鍵的部分，流程⑤的「將紙本資料整理好並提前去會議室分發到位」。

行政總部的人詢問：「列印三十人份的會議資料，印好之後再上釘書針，這項作業具體來說，你都是怎麼進行的呢？」

負責的員工回答：「準備紙本資料，這工作乍看好像很簡單，其實裡面藏了很多眉角哦。通常若直接列印，印出來就是會是Ａ３尺寸，為了方便歸檔整理，我會先把資料往內對折成Ａ４大小，然後再往外對折，再來才是上釘書針……」

當我們實際聽到這回答，都覺得這根本就是相當費時的勞力作業，也因此才明白為什麼這個流程需要花費一小時。

當下的心情，真的就是感嘆「竟然為了這種事花這麼多時間」，一個月累積下來這時數有多可觀啊！真是讓我們認清現實了。也因此契機，我們第一次共同進行探討。

最後催生出這樣的改善提案——「會議資料不要印出來了，改成用PDF檔傳送給與會人士。參加會議的人帶上自己的筆電，用電腦看PDF的資料就好了。還有，在會議室設置大型的投影布幕吧，同步將資料投影給大家看。」

在座談會上，資方與勞方達成了可以如此有志一同討論的狀態。

而在達成這樣狀態之前的「暖身」，就是持續針對業務工作流程進行仔細的盤點與調查。

正因為有前面如此壯烈的鋪陳，在座談會上，基層的同仁第一次主動說出了「或許真的沒必要非印在紙上不可」這句話。

我再強調一次，絕對不可以縮短「縮短工時改革」的時程。

首先，必須非常清楚明確地讓大家知道，準備會議用的資料，這項工作的流程就是會花費如此多的時間。

基於這個事實，舉辦員工座談會討論，循循善誘之下，一定會有某位（或某些）基層同仁會主動說出「說不定，其實會議資料根本不需要印出來……」這句關鍵的話語。

聽到這關鍵話語的瞬間，資方順水推舟說「那麼，只要使用雲端共享，讓參與會議的人共享資料就可以了吧。如此會議的時間還能縮短將近一小時呢！這真是個好主意，謝謝你！」

良性互動的對話就是這樣一步一步搭建起來的。

如果嫌太花時間而捨棄這段「鋪陳」，劈頭就對基層說：「現在這時代誰還會特地去印三十人份的資料啊？浪費時間又浪費紙，你們難道不懂嗎？」這只會造成資方與基層一刀兩斷。

絕對不要否定基層的「現狀」，反而是要以莫大的熱情與行動力去蒐集數據資料，越齊全越好。

不局限於縮短工時改革，對於向來重視「實證」的商業人士而言，能夠打動人心的方法其實就是這麼樸實無華卻又有效。

將「非核心業務」轉移到RPA（機器人流程自動化）

當電通為了縮短工時改革而進行全公司業務流程盤點調查時，我們也同步探討是否某些流程可以交由外部處理（外包），或是加以改善、提高效率？

當時我們引進的工具是RPA，這在二〇一七年的日本還很少見。

雖然被稱為機器人，但與工廠裡的技術機器人不同，實際上我們看不見也摸不著，也不是能看得到「動作」的機器。RPA是一種系統程式，它可以自動重現辦公室職員經常在電腦上執行的動作。

諸如「從公司的會計系統中提取每個客戶的資料，並將其製作成Excel電子表格」之類的日常任務，它就非常有用。例如，建立一個工作表只需要三到四分鐘，而以前用手動建立則需要兩到三小時。

儘管現在導入RPA的企業已增加了不少，但在二〇一七年的日本仍是相當罕見。當然，我們明白RPA不能解決所有的問題。但是，作為縮短工時改革的象徵並引起注意，它已經充分發揮相當好的效果了。

不只是縮短工時改革，當時「企業數位轉型」（DX）正掀起潮流，電通也期望透過導入RPA，跨出邁入DX的第一步。

與堅持「工匠精神」的基層產生摩擦

然而，在導入RPA的過程也並非一帆風順。畢竟導入RPA之後，實際使用的都還是「基層」。如何讓基層接受這個新工具並且願意好好使用，這就是課題。

原本秉持著「工匠精神」，全力投注在自己工作的各個負責人，就算你對他們說「要縮短工時！減少程序！總之全部都給我改用RPA！」但他們就是不願意配合，那麼RPA就變成丟進水裡的鈔票而已。

記得，永遠都要先肯定基層的現狀。

「就依照目前的流程去做，我們只是縮短時間。」你必須不停地表達這一點，千萬不能否定基層人員所付出的工匠精神與他的工作。唯有強調「**維持現狀，只是讓流程機器化（自動化）**」這一點，才能促使基層去使用ＲＰＡ。

後來，我從過去完全沒有合作的陌生顧問那邊得知，其實當時有不少人批評：「電通的小柳，他的做法根本有問題。維持現狀、將過時的作業流程自動化有什麼意義嗎？應該要把所有業務流程重新制定，再進行自動化才對！」但這都是後話了。

我們當時的改革，設定了以兩年為期限。這段時間雖不能說是漫長，但對當時的我們來說，要「否定」暨有的作業流程並從零開始重新制定作業程序，實在沒有那樣的時間。

要是真的那麼做了，恐怕花上兩年也無法完成任何一項流程自動化吧。

另外，還有發生過這樣一件事。某天，年輕一輩的管理職們找我到會議室，向我提出了這樣的意見與質疑。

「若是業務流程全部自動化，就無法進行新人教育了。」

「這樣我們無法教育新世代繼承我們的『工作精神』。」

「當初帶領我們、教導我們如何工作的小柳先生，現在竟然率先帶頭推行機器人自動化，真是太遺憾了。」

確實，過去這些新人們都是透過蒐集資料、製作圖表等作業來學會商務辦公的基礎技能。

被以前的後輩包圍著的我，只能不斷說著：「給我兩週的時間好嗎？我會讓你們看到能夠讓大家都接受的自動化程序。」

到了實際展演RPA的當天，大家親眼看到原本需要花費幾小時才能做成的圖表，RPA只要一分鐘就完成了。進公司第二年的同仁看到這一幕，不禁苦笑表示：「我過去這一年到底都在幹嘛啊？」

然後，大家也都笑了出來。（這套RPA能夠忠實記錄員工的作業程序並將其自動化）像這樣，透過親身體驗、親眼見證，基層們也漸漸開始積極學習使用RPA。

千萬不要否定基層的工作，也不要用高壓強硬的態度要求一律自動化。除了給予基層肯定，更要強調「只是縮短時間而已」、「作業流程不變，只是要提高效率」並且貫徹執行，讓基層得以維持自尊心繼續原本的工作，如此也才會提高他們對於新工具的接受度。

鐵則4　肯定基層的「一切」　重點整理

①「叫基層自己條列出無效作業」是最糟的手段，會引起基層反彈。

②首先徹底調查目前所有業務工作的流程。此時先不評估該項業務的留存。

③將調查的結果與基層共享，循循善誘，讓基層自己提出改善方案，再順水推舟與基層一起討論如何縮短時數。

鐵則 5

老闆要承擔處理「所有」的問題

客戶表示憤怒！請問老闆該怎麼辦？

在鐵則1「管理者應該以『私心』為訴求」我們提到，老闆必須要讓員工們明白自己堅定不移的意志，這點非常重要。

隨著縮短工時改革的逐步推進，公司內外難免都會發生大大小小的問題。除了盡力說服公司內部的反彈勢力，公司外部的反應也不能忽略。

特別是當公司的大客戶也表達反彈時，老闆是否能以堅毅的態度應對並說明縮短工時對公司的意義，進一步取得大客戶的理解。這對於改革能否成功，可說是有著至關重要的影響。

如果老闆面對員工時說得正氣凜然、霸氣萬千，但遇到大客戶投訴就馬上宣布放棄縮短工時施策，這只會讓員工對於公司的不信任感飆升。

最糟的是，迫於大客戶的壓力，老闆自己跟大客戶陪笑臉，然後把後續應對的麻煩事又全部丟給基層去處理。

「報告社長！某廠商表示『你們縮短工時關我屁事！』現在對方非常生氣，還堅持晚上十點要開會，請問該怎麼辦？」

「哎呀～那真是沒辦法了，只好請大家那天晚上十點還是要挑燈開會，請各位好好處理喔～」

這種敷衍了事的應對方式，絕對會讓公司的改革以失敗收場。

就算靠著一時的得過且過擋住了大客戶的憤怒，但是基層仍會產生「果然老闆不是認真要改革啦」的想法，這種氣氛很快就會影響全公司上下。

之後不管你這個老闆再說些什麼好像很有魄力的話，說多少都沒有用了。公司內部已經沒有人會相信你了。

隨著縮短工時改革的逐步推進，我們會遇到的一個大問題，就是公司外部的利害關係人的反應。

在這個過程中所發生的所有問題，老闆都應該一肩扛起，要有承擔一切的覺悟才行。**老闆展現出來的決心越堅定，將原本的危機化為轉機，這股勇氣就會滲透公司內部**，對於社內改革會是很大的助力。

來自競爭公司的攻勢

電通的縮短工時改革，在社會上引起相當大的衝擊與討論，因此公司外部也產生了大大小小許多反應。

「充電假」（Input Holiday）是電通為了配合縮短工時改革而導入的制度之一。這是指每個月多增加一天的公司公定休假，讓全體社員都能休息一天，好好充電的制度。

得知此事的對手公司，竟然在電通首次實施充電假的那一天，讓高階主管全員出動前去拜訪客戶。甚至還故意對客戶說——「哦～今天是電通的人都不在的日子呢～」

與電通相比，該公司的作風向來都是走智慧俐落路線，因此這樣的舉動可說是相當稀奇，在業界也引起了話題。

另外，其實電通的員工也到處碰壁，不論是過去的「生意習慣」、「電通人的既定印象」等。

「我們的客戶中，有人總是會在星期五的傍晚才發出委託需求，並要求我們在星期一早上就要回覆。這位客戶一直以來都是這樣，所以根本沒辦法避免週末加班。」

「我們往來的合作廠商中，有的只接受我們開立紙本發票或紙本請款單，而且必須親自送到該公司，否則不會受理。他們完全不接受使用郵寄方式，更別提用PDF檔傳送了，根本不可能。」

「有位客戶因為私人的原因不想回家，所以我每週至少會有兩天必須陪這位客戶到深夜……」

這樣的狀況就是我們所遭遇的現實，除非一個一個檢視與攻破，否則根本無法落實縮短工時。

若說所有的業務工作都可以在自己公司內部完成，那就有可能提高全員的效率並成功實現縮短工時。但，廣告公司的本質就是必須與外部企業進行「協調／合作」，幾乎所有的業務工作都無法只在自己公司內部就完成。

從這裡開始，就是上一章我所提到的「業務流程盤點」的延續。

這個階段，我們必須**將全公司的所有業務工作分類成「公司內部即可完成」與「必須與外部公司協調（合作）才能完成」兩大類**。

首先，關於前者，我們可以依照①自動化或外包，②簡化流程，③直接刪除該項業務工作，這樣的順序來進行討論。對於企業來說，如此檢視自家公司內部的業務工作，應該可以獲得相當不錯的效果。

接下來，關於後者，也就是「必須與外部公司合作」的項目。這裡的討論順序跟內部業務相反，我們要**從「這項業務是否能夠刪除」開始思考**。

若這項業務可以刪除，那麼日後我們該找外部的哪位業者或廠商，提供同樣的服務給予我們協助？

若這項業務無法刪除，那麼是否有可能提升該業務流程的效率或者簡化流程，甚至是外包呢？

依照這樣的順序，針對「所有的業務工作流程」來進行探討。

這與「要求基層列出無效作業清單」那種魯莽的做法，可說是截然相反。必須讓執行這些業務工作的員工都對自己的付出感到震驚：「原來我竟然做到這種地步？」否則，這些以身為日本上班族為傲的員工們是絕對不會動起來的。

當時，外部還傳出了不少這樣的聲音：「超大型企業電通，只想著要自己縮短工時，其實根本是打算把原本的負擔丟包給其他中小企業及零售商吧！」

當然，我們完全沒有這樣的意思。但總之，就像這樣，來自外部的反應其實也相當不友善。不只是縮短工時，包括種種改革措施都是如此艱辛。

這種時候，就算再有責任感、心理素質再強大，光靠這些也很難撐過難關。正因如此，想要達成「鬼速縮時」，就必須是出自經營者內心的「無法壓抑、真實的渴望」。

就算你暫時姑且向提出反對的大客戶妥協，但那種公司也只會讓優秀的人才離你而去。到時候，原本施壓的大客戶反而會成為第一個拋棄你的公司。

「你們之前很配合呢，聽我們的話，放棄了縮短工時。不過看起來現在也沒什麼像樣的人才留在貴公司了，但我們還是會繼續下單給貴公司的唷。」世界上根本不存在著這種客戶。

結果你的公司依舊是跟不上時代、缺乏人才、密集過勞的老派企業。你希望自己是這種公司的老闆嗎？應該不希望吧？應該會覺得很討厭吧？正是因為身為經營者的你有這樣的心情，所以——「有需要向客戶進行說服或說明的情況，都由我這個社長親自去拜訪。」

相信這樣的台詞，你一定可以發自內心說出口。

而唯有當身為經營者的你說出這樣的話，員工們才會放棄「陽奉陰違」。他們才會真的相信「社長這次不是在作秀」。

甚至，他們會漸漸開始認為「再不協助改革，大家會覺得我很糟糕」，也就是應該要協助公司才是合理的舉動。

「三十分鐘內回報失誤！」高層承擔

接下來我要分享一個在網路廣告公司時的真實案例。

在媒體上投放廣告的這項作業，實際上是透過電腦、在網路上執行。但這個流程的工作量既複雜又龐大。該公司一直在挑戰，想要讓這項業務流程的速度可以加快。然而，**提升速度的代價之一**，就是在下單操作時，**人為操作的失誤也隨之增加**。

這點其實早就在他們的預料之中。之後，靠著優秀成員的學習成效，人為操作失誤才大幅減少。

不過，在這段過渡期間，發生錯誤的負責人以及周圍同事，都承受了很大的壓力。因此，經營團隊向全公司發出了強而有力的訊息。

「現在的人為失誤變多，是因為高層推動縮短工時改革所導致。所以，責任在於公司的經營團隊。」

「因此，一旦發生失誤，希望整個部門團隊能立即應對。如果造成客戶困擾，高層會立刻出面致歉。」

「一旦發生失誤，希望能在『三十分鐘內』回報給經營團隊（具體來說，就是直接發送郵件給我這位副社長並同時ＣＣ直屬主管）」

「只要你能在『三十分鐘內』回報，公司絕對不會責怪當事人，反而會全力保護這位員工。」

「但如果試圖隱瞞，那就是讓整個公司暴露在風險之中，將會嚴厲懲處。」

一開始發生的失誤或問題本身或許只是小事，但在當事人猶豫著是否要向上呈報的時候，事態就會越來越惡化，最後演變成嚴重的問題。而伴隨著損害範圍擴大，當事人更加難以開口報告，只能眼睜睜看著時間一分一秒流逝……。

為了防止這樣的悲劇再三發生，當時身為副社長的我親自擔任「意外處理負責人」，直到錯誤的發生次數降回到原本的水準為止。而且我也強力要求，無論員工發生什麼樣的錯誤，都要立刻向我報告，好讓我能徹底掌握狀況。

這可不是把平常的「基層員工↓中階主管↓總負責人」這種逐級彙報的流程加快而已。堅持不能越級報告的話，所謂「三十分鐘內」的規定就失去意義了。

真正要做的，就要是讓基層員工同時直接向中階主管及總負責人報告。

雖然這樣講可能有點老王賣瓜，但作為總負責人的我，所承受的壓力和負擔真的非常沉重。不過，如果我連讓別人驚嘆「居然做到這種程度啊！」的努力及魄力都拿不出來的話，那就不可能得到認同，更遑論其他人的支持了。

向基層展示「決心」

因為推動縮短工時所產生的各種問題，當時的我決定先自己一肩扛起。會想要這麼做，也是為了讓所有員工親眼看到高層的決心。

身為經營者的人，要找理由說自己「才不會做到那種程度」其實很簡單。但如果此時你又像以前那樣選擇逃避的話，就算請了顧問、買了系統、實施了所謂的「改善對策」，到頭來也只是白費功夫，「改革失敗」這結果早已可想而知。

不只是縮短工時，任何改革，從基層開始的負面反應層出不窮。

比如你想推動「取消蓋章制度」，就一定會有人說：「我向A客戶提起這件事，結果他非常生氣，他可是我們的大客戶，請問我們該怎麼辦？」

這種聲音一定會出現。

但員工並不是在反對廢除蓋章，而是**想盡早確認你是不是真的說到做到**。如果他們把你的話當真了，結果你最後卻又撇清責任，這誰都無法接受吧。

正因如此，如果你說出「這種事你們自己想辦法處理」這種話，那這場改革也就到此為止了。

相反地，如果由高層親自前往A客戶那邊，誠懇地低頭說：「我們公司這次真的很想藉這個機會取消蓋章制度，還請您多多包涵」，你覺得會怎樣？

這麼做的目的，不是為了說服眼前的客戶，更不是為了營造「高層有在做事」的表象。

要讓員工看到你親自對客戶低頭、請求協助縮短工時，如此他們才會進而產生「就算因為縮時改革出現問題，公司也不會像以前那樣切割員工」的安心感。

甚至，更重要的是要讓員工開始產生「這樣看來，我不配合改革反而才是造成麻煩」的心態。就算A客戶最後還是不願意取消蓋章，但這整件事在公司內部所產生的影響價值，其實遠遠超過這單一事件。

透過高層的行動所帶動起來的，是一種共識的形成：「至少在這次的縮短工時改革中，參與改革是安全的，不參與才是麻煩。」這樣的認知，正是逐漸融化像永久凍土一般僵硬的舊有「文化」的關鍵力量。

基層出現不滿時是好機會

當我們開始推動「三十分鐘內通報失誤」的這項措施，公司內部很快就出現了不少反彈的聲音。一些資深幹部紛紛表示：「這樣管理太寬鬆了，年輕人根本學不到東西！只有被罵過、教訓過才會真正獲得成長！」

「大家現在都在背後說風涼話，什麼『只要有報告副社長，犯再多錯也沒關係囉～』這種話已經傳開來了！」

表面上，他們是在提醒，實際上則是在暗示：「拜託趕快停止這種愚蠢的做法吧。」

但其實，這可是難得的好機會。這種時候，就是讓高層親自出面，向這些幹部們好好說明與溝通的最佳時機。

要讓大家明白，「三十分鐘規則」本質上只是為了縮短工時所設計出來的「手段」，絕對不是在姑息錯誤或者縱容基層。

我們最優先的「目標」，就是推動縮短工時。而「三十分鐘通報規則」的制定，正是為了減少處理那些「被隱瞞的錯誤」所浪費的大量時間。

「就算我們這群高層被批評『太好說話』，那也無所謂。與其讓某個員工為了掩飾錯誤、獨自處理，結果釀成一發不可收拾的大禍，讓高層盡早得知並盡速介入處理才是上策。事實上，我們也曾多次遇過『我方沒發現，卻是被客戶發現錯誤』這種最難堪的狀況。追根究底，這都是因為負責人害怕被罵而選擇隱蔽不報所造成的。而最後的結果是什麼？大家還記得包括幹部在內，我們花了多少時間與心力來收拾那些爛攤子嗎？」

作為企業的經營者，無論任何時候，都必須持續不斷地強調：「縮短工時是第一優先。」

如果沒有這樣的堅持，中階主管們就會開始自行「調整平衡」，認為不能只顧縮短工時，還得顧及員工管理與整體營運。這很合理，畢竟正是因為他們具備這種平衡意識，所以才會被提拔為管理職。如果他們完全沒有提出任何反對或質疑，那才是需要擔心的事情。

「社長的意思是，只要能縮短工時，就算讓公司變成寵壞一堆人的地方也沒關係嗎？」

對於那些試圖「尋求平衡」的中階幹部們，你絕對不能再說出像過去那種推託之詞了。像是——「欸欸，別讓我為難嘛……」「這種事就交給你們好好處理，這不就是你們展現實力的時候嗎～？」

只要你說出這樣的話，貴公司的縮短工時改革當場就會宣告結束。相反地，你應該要勇敢、明確地做出一個「破壞平衡宣言」。

「現在是特殊時期，跟平常不一樣，我們正處於改革的過程中。因此，我們必須將『減少處理錯誤所耗費的無謂時間』視為最優先事項。至於如何減少錯誤本身的發生，必須等到『錯誤發生後的時間浪費』被控制下來之後，再來處理解決。」

請誠懇地把這番話，親自對幹部們說明並鞠躬致意。

畢竟，這一切都是出於你這位經營者真心想改變的願望。你可以坦白說「我真的受夠那種把長時間工作視為理所當然的糟糕文化了，不好意思啊，我就是這麼任性。」

減少錯誤的方法：不要讓員工認為「犯錯會被責備」

「三十分鐘內通報規則」本身，的確無法直接減少人為失誤的發生。因此，正如先前社長向幹部們致歉時所說的那樣，當這個規則有效地減少了處理錯誤所耗費的時間之後，下一步就該全力思考如何從根本上「減少人為失誤的產生」。若不這麼做，縮短工時改革就無法算是完成。

而在進行這個階段時，請務必要給予明確的指示。

「要減少錯誤，不是靠『撲滅錯誤』，而是基於『錯誤一定會發生』的前

提，建立一套能夠及時發現與修正錯誤的機制。」

這可不是詭辯，而是非常實際的觀點。

當我們因為犯錯被客戶要求提出「如何防止再犯」時，最常套用的那句標準答案就是「我們會徹底實施雙重、三重檢查。」

但如果員工的態度是「應該不會有錯，但既然規定要檢查，那就隨便檢查一下好了」，那不管檢查幾次也絕對找不到錯誤。

「就算再怎麼小心，人類也無法做到百分之百正確」光只有這種想法，絕對找不到錯誤。

進行檢查時，應該抱持著「**別人經手過的東西，裡面一定藏有錯誤，而我的任務就是把那個錯誤找出來**」這樣的心態，唯有如此，檢查才有意義。

然而，每當我們這樣說時，總有人會情緒激動地反問「難道你都不相信自己的部下嗎？」

對於這樣的質疑，我想反問一句——從小到大，你曾經考過幾次滿分？無論是「大考」、「小測驗」，還是「練習題」，你又交過幾次完全無錯誤的答案？

當年幫你批改考卷的老師，難道是因為「我相信這位學生應該沒錯，不過為了程序還是檢查看看」才去改的嗎？當然不是。老師從一開始的心態就是「這張考卷裡一定會有錯，我就是要找出那些錯誤」

而這樣的批改方式，難道就是「不信任學生」嗎？

更何況，公司的辦公室不是學校教室。基本上，辦公室是為了替客戶創造價值的工作場域。

要真正減少錯誤，首先必須讓所有人都能坦然接受一件事——「每個人都會犯錯，而且還會繼續犯錯。」這項共識，必須在基層被徹底落實。

請嚴格禁止那種彼此責難的風氣，例如「你會出錯，是因為不夠專心」「這代表你對工作沒熱情、沒責任感」「你根本是想混薪水」……這類責備與攻擊，只會造成更多負面影響。

對於推動縮短工時改革來說，這種風氣就是大敵。

只要全體都能接受「每個人一定都會犯錯」的前提，那麼所謂的雙重檢查就會從「確認是否有錯」變成「主動找出本來就存在的錯」。

這不僅會徹底改變檢查的態度，也會改變我們在導入支援系統時所訂下的需求條件。

彼此認同「沒有人是滿分」，才會真正為公司建立起一種全新的文化。而這一步，就是讓組織開始脫胎換骨的起點。

在機械工程領域，有兩個非常重要的設計概念，一個叫做「Fail-safe」（故障保險）、另一個是「Fool-proof」（防呆設計）。

所謂「故障保險」是一種設計機制，即使機器故障或操作錯誤，也能自動導向安全狀態，避免引發更大的問題。

而「防呆設計」也有類似的概念。從字面來看，「fool」（愚者）意指就算是最不熟練的使用者操作錯誤，系統本身也不會因此導致重大事故。這種設計就是預設「一定會有人出錯」，但仍確保安全無虞。

舉個身邊的例子，微波爐如果門沒完全關上，就不會開始加熱。因為如果在門沒關好的情況下啟動，使用者有可能會被高溫燙傷。洗衣機也有類似設計，當滾筒正在轉動時，如果不小心打開上蓋，它會自動停止運轉，避免造成傷害。

這些都是基於「一定會發生錯誤（失誤）」這個前提，事先在設計上加入「保險」或「防呆」機制的例子。如果我們也能在工作流程中導入這樣的思維與設計，不但能減少實際錯誤造成的損失，更能大幅減少員工為了掩蓋錯誤而採取更加浪費時間且無意義的「隱瞞失誤」。

真相：公司強加給基層的無用工作

在名為「公司」的這個地方，有件很奇妙的事。職場上總認為「一百分是理所當然的」，這與我們孩提時代的認知截然不同。

只要不是「完美狀態」，就會被視為「不該出現的錯誤」。

因此，許多企業連為「不完美」預作準備這件事本身，都會被看成是一種對組織的不忠，甚至是一種忌諱。

「預防萬一的備案？別說這種不吉利的話！」

「日本人相信有言靈，小心說出口就真的會發生喔……」

於是，在不少企業裡，「不該發生的事」就被當作「絕對不會發生」。而當真的發生錯誤或事故時，第一個反應往往不是處理，而是「裝作沒發生」。

上司的常見反應，諸如——「你跟我報告這個幹嘛？」「你們自己想辦法搞定！」「欸，我可不是叫你要掩蓋的意思喔。」

但實際上，當員工聽到主管說「你們自己解決！」這種切割意味濃厚的話語，他們早就感受到強烈壓力，被迫在日常中習慣性地隱瞞小錯誤。這樣的文化久而久之變成了常態，形成一種集體默契——「我們的答案永遠是一百分」，即使事實並非如此。

就像這樣，從新進員工到高階主管，整間公司都把大量的時間與精力，花在「隱瞞錯誤」與「掩飾自己的弱點」上。這正是許多日本企業辦公室過勞現象的真相。

長時間勞動的根本原因，說穿了，就是「**經營層無所作為，把原本應由上層承擔的責任粗暴地丟給基層處理**」所造成的惡果。

因此，在要求縮短工時之前，經營者必須先承認自身的責任，並真誠地道歉。若要推動縮時改革，就勢必要正面迎戰那種「只要沒拿到一百分，整張考卷就該銷毀」的扭曲文化，必須徹底將其翻轉才行。

鐵則5　老闆要承擔處理「所有」的問題　重點整理

①縮短工時改革的過程，公司內部與外部一定會發生反彈，但是公司的方針絕不可因此動搖。

②預設「錯誤及人為失誤一定會發生」，建立防呆機制，並由高層宣示絕對會「負責處理所有的問題」。

③創造讓員工不會隱蔽錯誤的文化，其結果將有效促成縮短工時改革。

鐵則 6

不談改革的「本質價值」

哲學辯論無法縮短工時

當我們談到企業改革，尤其是「縮短工時」的相關措施時，總會有人開始討論「這項改革具體來說有什麼意義？」「我們應該賦予它什麼樣的意義？」這類感覺相當哲學性又宏大的問題。

但其實，與其思考「縮短工時究竟有什麼意義？」然後喊出一些氣勢磅礡的口號，不如暫時別去深究什麼是「真正的價值」。在大多數情況下，這樣反而更容易讓改革順利推動下去。

為什麼呢？因為電通的「鬼時短」（縮短工時），靠的不是什麼劇烈的大變革，而是「一點一滴、慢慢累積的成果」。

它不是跳躍式的飛躍，而是逐步前進。

一旦有人高舉「改革的終極目標是什麼」這種大旗，或者開始討論「縮短工時這件事，到底有什麼意義？」這種問題，話題往往會演變成沒完沒了的哲學辯論，最後反而迷失方向，像是走進了沒有出口的迷宮。

企業的改革，本質上是一場「沒有終點的旅程」，即使達成了縮短工時的目標，也不代表就此結束。

如果高層對員工表示「做到這裡就可以了」、「改革到這裡就算完成」，或者讓大家產生這樣的疑問，那就已經偏離了改革的初衷。

高層應該要明確地宣示「哪怕只是一步步慢慢推進，只要持續在進步，就是件值得肯定的事。」

過去三十年，許多企業都將「公司治理」與「成本削減」視為首要目標，也因此有不少人憑藉著善於哲學性辯論而被拔擢成為高階主管。據我所知，這情況並不罕見。

我曾參與過一家企業的改革案，其中一位高階主管就深陷這類思考迷宮，導致他所屬的部門完全沒有任何改革進展。後來一問才知道，他竟然讓部下們在開會時討論「所謂的『基層』究竟是什麼？」這樣抽象的問題。對此，我只好明確請他暫停這種做法。

其實「縮短工時」的重點並不是「為了縮時而縮時」，而是「我們實際去做縮短工時這件事，結果發現意外地是可行的啊！」

當我們嘗試縮短工時並成功實踐時，應該把這當作「我們公司連縮短工時都做到了，說不定其他事情也能辦到。不如試著挑戰一些新的東西吧！」

這種心態就是支持大家持續變革的第一步。

透過讓員工親身體驗這些小小的成功，公司才能逐漸累積出「我們其實有能力改變！」的信心與真實感，進而一步步推動整體向前。縮短工時改革，就是為了這個目的而「試著實際做做看」。

「小成功」的例子：打字速度

在這裡，我想要介紹一個非常希望所有員工都能親身體會的「小小成功經驗」。這個例子，其實在【鐵則2】中也提過，那就是「電腦操作」——也就是不用看鍵盤的「盲打」。

職場數位化本質上就是讓大家更熟練地使用電腦。但正如我之前提到的，大多數辦公室員工其實並不會盲打。

很多人打字時都得盯著鍵盤看，就算輸入錯誤，也常常過了一段時間才發現。最常見的錯誤，就是在輸入時不小心把日文輸入法切成了英數輸入。像是打出「taihennosewaninatteorimasu」（日文的「非常感謝您的幫忙」）後，抬頭一看才發現「哎呀！」於是只好把整段文字刪掉，切回日文輸入模式，然後重新輸入。光是這樣的錯誤累積起來，就浪費了大量時間。

最近，「技能再培訓」（Reskilling）成了熱門話題，開始學寫 Python 程式碼、用ＳＱＬ從資料庫抓資料的人也越來越多。還有不少人鑽研像是 Web3、元宇宙這些前端科技。

但問題是，這樣就像在鬆軟的沙地上蓋超高大樓一樣，根基不穩，蓋得再漂亮也只是「沙上建塔」。

如果企業一味高喊「我們也要加快推動數位轉型！」，卻沒有打好基礎，就像是讓一群從沒受過登山訓練的業餘新手，硬闖危險山區一樣。

只要還沒掌握最基本的電腦操作，例如「盲打」，就算大腦理解工作內容，一旦要實際動手打字，還是會浪費大量時間。

而且不只是年長員工，就連年輕員工當中也有很多人其實不會盲打。這多半是因為他們從學生時代就幾乎只接觸智慧型手機，很少真正用鍵盤打字的緣故。

然而，每當我們建議「要縮短工時，善用數位技能是不可或缺的第一步，所以先讓全體員工學會盲打吧！」此時，多數企業主的反應通常都是反對。

他們會說「公司又不是學校，這種最基本的技能，應該讓員工自己去學才對！」這話乍聽之下好像有道理。確實，**大多數辦公室不是學校——而是根本「連學校都不如」**。

在學校，考試成績不到標準會被當掉，然後就得進行補考。

在補習班，做不到就得反覆練習，沒學會就不能進入下一階段。

而在企業中，不論是工廠部門或研發單位等基層員工們，接受嚴格訓練更是理所當然的事。

但是辦公室的白領員工，一旦入職之後，就算工作能力低於平均，只要表現得「很忙」、「很努力」，看起來有在做事，就很容易被放著不管。結果變成有些人只要會做樣子就行，實際工作卻都落到其他人頭上。

所以說，「公司的確不是學校」，但更糟的是，它根本「連學校都不如」。這正是長年以來，企業高層對於辦公室的工作方式毫不關心、放任不管所累積下來的惡果，如今終於得付出代價。

再回到正題。

盲打是使用電腦從事商業工作的基本技能之一，每個人都能學得會，不需要特別的知識或天分，只要肯練習就行。

當員工一點一滴累積起成果，成功掌握這項基本技能後，就能建立信心，對電腦的排斥感也會隨之消除。

接下來在導入各種ＩＴ工具、實施更多縮短工時措施時，自然也能更有意願接受和嘗試。

這正是公司邁向新業務、新挑戰時最重要的「基礎戰力」。

小成功帶來的「熱情」

或許有人認為「真正花時間的是思考要打什麼內容，就算學會盲打、節省一點輸入時間，也沒什麼太大意義吧？」

但這時候，請回想前面我提過的一句話「**與其高喊本質價值，不如踏實地一點一滴去實踐。**」

假設透過學習盲打，原本需要三十分鐘才能完成的文件，現在只要二十五分鐘就能搞定。這樣的改變，你覺得如何？

我相信一定會有人覺得「學會盲打後，我就能多省下五分鐘！那我是不是還能試著讓整個流程再快一點？」這種微小的進步，會帶來成就感，也讓人更有信心去嘗試下一步。

而正是這些一點一滴累積起來的「小小自信」，所激發出的「熱情」，才可能成為融化組織裡那些長年凍結、阻礙改革的企業文化的第一步。

從所謂的「經營企劃」的角度來看，也許有人會去計算這五分鐘等於多少薪資成本，再估算「學會盲打的投資報酬率」（ROI），然後說「這樣的效益不大吧？」

但正是這種「ROI至上」的控制成本思維，讓日本企業在過去三十年一路走向緊縮與退化。那些高喊「削減成本」的人，在企業內部竟然不斷被拔擢，最後成了經營高層。

員工心中曾經燃起的熱情，往往因為一句「為了控制成本」就被澆熄了。何不趁著縮短工時改革的機會，徹底打破這種壓抑熱情的陋習呢？

在序章中，我曾將縮短工時比喻成減肥或斷食。

當一個人成功減掉一公斤後，往往會想「那我是不是也能減掉三公斤？」於是幹勁就上來了。縮短工時改革的道理也是一樣。

對於辦公室組織來說，透過累積這類小小的成功經驗，讓員工建立起「我們也辦得到」的自信，最終就有可能推動更大規模的改革。

因此，我非常推薦大家從盲打練習開始。這是一項誰都能輕鬆上手的訓練，而且成果顯而易見。市面上也有很多練習軟體，大家可以一起比時間、拚分數，在競賽中邊玩邊學，享受學習的樂趣。

這種利用玩遊戲般的感覺來激發興趣、吸引人投入的做法，被稱為「遊戲化設計」（Gamification）。「我完成了指定任務！」這種達成感，其實比想像中更有影響力。

當整個部門的人都開始投入盲打訓練，甚至練到熟練、上癮，自然而然就會對下一階段的電腦技能產生興趣，開始挑戰更進一步的學習。

「這十個快捷鍵可以大幅縮短做簡報的時間！」

「想提高工作效率的話，〇〇這個牌子的鍵盤用起來最順手。」

「螢幕顯示器越大越好，能同時開多個檔案，切換也更方便！」

像這樣的對話，員工會漸漸開始在公司裡自然而然地討論起來。

就像剛開始學騎腳踏車時，踩踏板會覺得很重；但一旦輪子轉起來，就會越騎越順。公司內部的改革也是一樣，一旦動起來，就能不斷加速。

因此，最重要的是讓大家從最初那一步開始，**設定一個人人都能參與、門檻**

低的小目標。讓員工親身體驗「原來我也能做到！」這樣的成功感受，才是真正推動改變的關鍵。

高層強迫是傲慢，「謙虛」才是最大的美德

讓我們回到先前提過的重點——太執著於「本質論」反而可能適得其反。

正在閱讀這本書的你，也許就是一位擁有MBA、熟悉各種經營理論的企業經營者。

你可能在百忙之中擠出時間學習，某天頓悟「原來如此！」然後心想「我要把這套思維帶回公司來實踐！」這樣的熱情與努力，真的是非常值得敬佩。

但也正因為如此，你更需要特別留意。

你之所以能理解那些抽象的理論，是因為你正好屬於少數能夠「聽得懂抽象概念」的人。

然而，你內心認為很重要、很有價值的理念，一旦說出口，很可能完全無法傳達給員工。這是因為每個人對於抽象語言的理解能力其實天差地別。

這不是「智商高低」的問題，也不是這個人「優劣與否」的差異，而是一種近似「體質」的東西。就像有些人跑步比較慢、有些人酒量不好一樣，也有不少人就是對不具體的話「無感」。

而這類型的人，其實比你想像中還要多。當你滿懷熱情地高談「本質」、「理念」、「核心價值」，他們的感受就像是在聽一首外文歌。雖然知道這是在說人話，也聽得出語調，但就是「聽不懂」歌詞的意思。

如果你沒有意識到這樣的現實，反而認為——「他們無法理解我的想法，是因為他們不夠認真、不願思考。」

「我當初念書的時候也是拚了命在學，現在的員工就是少了那股拚勁。」身為經營者的你一旦產生這樣的想法，反而會讓自己變得「孤芳自賞」。

久而久之，就可能形成像「好朋友內閣」那樣的小圈圈，身邊圍繞著一群總是附和你的親信，而你與基層員工之間的鴻溝越來越深。

但就像前面反覆強調的，改革若不是由上而下的推動，就無法真正展開。只要高層願意表達出「我不想讓公司繼續這樣下去」的真誠想法，員工一定會認真聽你說，而不是「陽奉陰違」。

然而問題就在於，大家好不容易願意聽你說了，你卻講了一堆大道理、原則、「改革的本質意義」，結果氣氛瞬間冷掉。

大家內心可能會忍不住想「又來了，老闆又在炫耀自己多聰明」甚至會覺得你很「傲慢自大」。

現在的國際企業，越來越常批判傳統的「美式管理」所帶來的負面影響。反而開始強調「humbleness」（謙虛）的重要性。你應該會聽到企業對外表示「我們秉持謙遜的態度來經營公司」之類的話。

企業的態度也逐漸從只面向股東與顧客，轉變為也要對員工保持謙虛——**與員工一起共創價值，才是現在的新方向**。

作為企業的經營者、經營高層，應該學學寵物翻肚躺在地上的樣子——也就是放下身段，把自己的真實想法和需求，用最簡單、最真誠的語言說出來。

這樣一來，你對員工的訴求，就不會變成艱澀難懂的抽象理念，而是能夠化為「具體且清楚易懂」的「人話」，員工聽得進去，溝通自然就會變得順暢。

日本人不適合「轉型」

前陣子，「DX數位轉型」這個流行語席捲了整個商業界。不過，就我觀察，對多數日本企業來說，「轉型」（Transformation）這種從根本進行大幅變革的做法，其實並不太合適。

比起全部砍掉重練，我認為多數企業應該比較適合「強化自己本身既有的優點並且加以強化、延伸」這樣的策略對多數組織來說，可行性更高。

「轉型」的本質是從組織運作的基礎開始全面翻新。這樣的改變往往會造成初期的大混亂，但如果高層強勢推動、要求大家無條件配合，那麼整體組織最終也會被迫轉向新的方式。

換句話說，「轉型」比較像是硬逼員工吞下去，而非真心接受。

然而，日本人在文化上其實具有某種程度的「個人主義傾向」。也因此，對於這種由上而下的強制性改革，很多人都會產生極大的抗拒。

雖然一般來說，大家普遍認為「日本人是集體主義」，但其實也有不少研究指出，日本社會裡存在著強烈的自我中心傾向與個人主義特徵。

真正能做到「團結一致」的情況，往往只限於一些極小的群體——也就是價值觀和利益高度一致的少數成員所形成的小圈圈。這類封閉的結構在企業職場中被稱為「穀倉」（Silo）。而一旦形成了這種「穀倉效應」，圈內的同儕壓力就會變得非常強烈。光是對他人說一句不同意見，都可能被視為在「否定人格」而引來不必要的衝突。因此大家常常只能選擇附和，嘴上只能說「您說得是！」

正因為在這樣的小圈圈裡凝聚力太強，反而難以與圈外其他部門協調，也就更不容易接受來自高層的壓力與強制命令。

早在一千四百年前，日本聖德太子制定的「憲法十七條」，開宗明義就寫了「不要各自為政、互相爭鬥，要以和為貴、共同協商。」

但從這句話的存在本身，其實就可以看出端倪——如果日本真的那麼講求「和」的文化，又怎麼會需要在憲法第一條就特別強調「要以和為貴」呢？

這就像是，一家企業若是真的已經把多元共融（Diversity）或全球化（Global Business）視為理所當然，那也根本不需要設什麼「多元推進辦公室」或「全球事業發展部」了。

回顧歷史，江戶幕府之所以能夠維持兩百餘年的穩定統治，其中一個關鍵，就是德川政權有意識地保留各「藩」（地方封建領主）的部分自治空間，也就是尊重了那些區域性「穀倉」的存在與獨立性。甚至在當時，如果藩主過度專制、強硬壓迫部下，就有可能遭到家臣集體透過「下克上」的制度來要求退位。

而這樣的思維模式，很可能也延續到了現代日本企業的「事業部制」當中。當今的企業高層，多半是從各個事業部這類「穀倉」系統一路升遷上來。因此，對於自己出身以外的事業部（也就是其他穀倉），他們幾乎不會強力干涉——正確地說，是根本無法干涉。

因為如果誰膽敢強行插手其他事業部門的事務，很容易會引發整個「穀倉系統」的強烈反彈，甚至有可能在組織中失勢、遭到排擠或逼退。

這也正是為什麼，在日本企業中，一旦強行推動所謂的「轉型」，常常會導致混亂且遲遲無法收拾。原本只是短暫陣痛期的混亂，卻很可能被基層部門，也就是那些小型的穀倉刻意放任不處理。他們一邊冷眼看待高層推動改革，一邊默默等待著「我就等你們認輸，承認這套根本行不通，我們再回到原本的做法就好。」這樣的消極對抗，在實務上屢見不鮮。

比方說，有些企業聽從顧問建議，導入了一套「數位轉型平台」，還為全體員工一口氣全都購買了帳號（甚至是受限於促銷優惠，一簽就是三年、還不能中途解約！）

結果幾個月過去了，這套系統根本沒人用。大家照樣回到原本最熟悉的工作方式：把 Excel 表格存在本機，再用 email 一封封附檔傳送。

為什麼會這樣？因為對大多數的小穀倉來說，什麼轉型、什麼企業變革，都是「與我無關的事」。

「我們要透過數位轉型，徹底革新企業體質！」

「唯有改變，組織才能生存！」

這些口號，員工們當然都聽過好幾次了。但對他們來說，那不是「我們部門的事」，而是「高層在講的話」、「別人單位的事」。

就像在廟裡聽誦經、在神社聽祝詞。大家都知道那是「神聖的話」，但實際上，有聽沒有懂，也就不可能認同或行動。

所以，那些宏大的理想、改革的大道理，就別講太多了。點到為止，才有人願意聽，也才有機會真的開始改變。

「漸進式擴張的過程」，才會激起真正的共鳴

這並不代表日本企業就無法改革。在這個充滿不確定性的VUCA[1]時代，不論是組織還是個人，都不可能一成不變。

但也正因為如此，我們必須改變推動改革的方式。關鍵就在於要**讓組織裡的**

每一個小單位（穀倉），對公司的目標產生「認同」與「共鳴」。

從小規模開始做起，逐漸拉高層級與範圍，這樣的步驟絕不能省略，也不能操之過急。我不厭其煩再強調一次，縮短工時改革，不能用縮時的方式去推動。

必須**讓員工把注意力集中在眼前能掌握的小變化上**，並透過親身經歷，真實感受到改革帶來的成效。這種「實際感受得到的成就感」才是推動變革最穩固的基礎。

一旦改革的步調超出他們的理解與參與範圍，小穀倉們就會立刻下意識地劃出界線，認定「這不關我們的事，是高層自己在忙。」

即使其中某些成員個人有興趣，也無法主動參與，因為在這樣的企業文化中，任何「搶先行動」的舉動，往往會被視為破壞團隊默契，反會受到群體壓力排擠。

---

1 譯按：指Volatility（易變性）、Uncertainty（不確定性）、Complexity（複雜性）、Ambiguity（模糊性），這四個名詞是當今商業環境的常態。

但如果我們能讓「整個改變的過程」本身，成為大家都能參與、也樂於參與的事情，那麼改革的動力將源源不絕。

這不僅能提高內部士氣，還有可能讓公司外部也產生共鳴，吸引到願意支持、甚至主動加入的夥伴。

這樣的做法，其實與近年來受到各產業高度關注的「共鳴式行銷」（Fan Marketing）非常相似。

現在的消費者早已不會輕易對「橫空出世」的新產品買單。以往在發表會上突然宣布「本公司推出超強的新產品！」這種毫無鋪陳的發表方式，已經越來越難引起共鳴。

相反地，若企業願意在過程中就主動分享「我們正在研發中，遇到好多挑戰，但我們會繼續努力！」這樣**真實又有情緒張力的「故事」**，**透過社群媒體傳播，就能持續擴散共鳴的能量**。

當外部開始產生共鳴，內部的參與感與士氣也會進一步提升。原本彼此壁壘分明的小穀倉之間，也可能開始建立起連結，真正實現所謂的「一條心」。而整個改革，也將在不失手感與溫度的情況下，穩健前行。

當前的日本企業也正面臨另一股龐大的壓力，來自美式股東資本主義的浪潮。投資人對經營層的施壓，已經成了常態。他們會直言不諱地表示——

「對於熟知全球速度與規模的我來說，你們這樣的做法根本不行！」

這樣的聲音，讓企業經營層早已無法再靠「裝忙」與「作秀」來矇混過關。於是他們突然改變態度，在公司內高喊「立刻啟動超高速轉型計畫！」但底下的員工，只是表面點頭，實際上心裡根本不認同，只好「陽奉陰違」。

這種悲喜交錯的企業劇場總是不斷上演。

在VUCA的時代環境下，我想再次強調，組織也好，個人也好，唯有持續改變，才能持續生存。但與其追求激進的轉型，不如專注於漸進式的擴張。這不只是更溫和的改革方式，更是與這個時代節奏最契合的策略選擇。

鐵則6　老闆要承擔處理「所有」的問題　重點整理

①縮短工時改革的過程，公司內部與外部一定會發生反彈，但是公司的方針絕不可因此動搖。

②預設「錯誤及人為失誤一定會發生」，建立防呆機制，並由高層宣示絕對會「負責處理所有的問題」。

③創造讓員工不會隱蔽錯誤的文化，其結果將有效促成縮短工時改革。

鐵則 7

用「結果」獲得認同

導入RPA的衝擊，堪比當年傳真機的普及

當改革持續進行時，在某個時間點，「基層」會開始主動配合縮短工時的措施，甚至願意給予協助。而這個時間點，就是他們實際感受到「自己的工作變輕鬆了」的那一瞬間。

就如俗語「百聞不如一見」，他們的態度竟然會產生一百八十度的轉變，讓人忍不住想問「那之前的反對到底是為了什麼？」

請務必記住，「基層」絕對不會因為高層出一張嘴就被說服。只有在他們親眼看到實際成果之後，才會產生興趣。

大家還記得當年傳真機被導入到商業領域的時候嗎？在那之前，公司和客戶之間傳送文件的方式主要是靠郵寄。如果有「今天無論如何也要把這份文件送達」的情況，唯一的選擇就是把文件放進包包裡，搭新幹線或飛機親自送去。

傳真機的出現改變了一切。在辦公室就能發送文件，哪怕對方在遠方，也能

在短時間內收到，這種省時效果可說是壓倒性的優異。

傳真機因其驚人的時效性，不僅迅速普及於辦公室，甚至進入了一般家庭。即便後來出現了電子郵件，至今仍有不少人持續使用傳真機。

事實上，甚至仍有為數不少的人認為，電子郵件比傳真還不方便。例如：

①發送方與接收方都得特地打開電腦或智慧型手機啟動郵件應用程式。

②尤其是接收方，得主動去檢查是否有新郵件。

③若想把收到的郵件印出來保存，還得再多一道列印的工序。

對於「根本沒辦法慢慢打字寄信」的基層來說，傳真機簡直就是不可或缺的工具。比如說，無法脫掉手套在電腦或手機上打字的時候，可以改用筆在紙上寫下大大的字，再用傳真機發送，這就是實務上的便利性。

此外，也有些單位明文規定「只接受傳真方式的申請」。在這樣的單位裡，會將收到的傳真紙就直接貼出來當成作業指示，結束後再裝訂歸檔。這樣一來，反而比「電子郵件＋列印」還要輕鬆得多。

如果不了解這樣的基層實情，只會由從高層硬性喊出「禁止使用傳真！」這完全不會有任何效果。因為這就是標準的「紙上談兵」。

面對那些堅持「只能用傳真」來發送資訊的基層，我們可以試著示範一些例如用語音輸入電子郵件或填寫網頁表單的工具，再問問他們「這個可行嗎？」如果他們發現「用講的比用寫的還省力」，或許就會考慮使用。

對於習慣用傳真當作指示單或訂單的基層，可以試著提議將訂單的電子郵件內容清晰地投影到辦公室的螢幕上，讓大家都能即時看到。此外，若是電子郵件訂單的話，還能自動傳送到資料庫中，不但省去歸檔的麻煩，日後要查詢也變得簡單。

正如我前面提過的，在電通導入RPA（機器人流程自動化）時，我們非常努力去拜託基層「請務必先看看RPA的實際操作示範」。當大家看到使用RPA，就能把原本需要人力操作數小時才能完成的表格，在一～兩分鐘內自動生成出來，反對聲音馬上就消失了。

數位工具只是手段，而不是目的。引進數位工具（例如RPA），或是大肆宣傳這件事，從來都不是最終目標。

如果無法實際展示驚人的省時成果，基層就不會接受。否則，就只會變成浪費投資，到頭來，剩下的只是一堆三年合約期滿前都沒被使用過的帳號而已。

「手寫」顧客資料卡所帶來的問題

讓我來介紹一個我曾經實際參與的企業案例。

這家企業的高層注意到，業務人員是用手寫的方式填寫「接單單據」。而這些接單單據，則由公司內部的作業人員再次手動輸入到會計系統和庫存管理系統中。這麼做，僅僅是為了能針對每一筆訂單開立發票、安排商品出貨。

沒有人會把這些接單資訊彙整起來，作為監控訂單量下滑等異常狀況的依據。最多也只是有人隨口問一句「最近數字怎麼樣啊？」就這樣而已。

這位高層認為，如果自己或業務主管能即時查詢接單狀況，那麼就能更及時、更精確地下達指示給業務人員。

基於這個想法，他果斷進行了一筆不小的投資，導入了一套專為經營幹部設計的資訊系統。這點本身並沒有錯，問題是……他竟然打算讓內部的作業人員額外負責這套系統的資料輸入。

也就是說，業務人員仍然手寫單據，而作業人員則得把同一份資料重複輸入到多個獨立系統中。這樣的做法，顯然行不通。

我認為那位高層真正應該投資的，是以下兩點。

①將現有的獨立系統整合為一套統一的經營資訊系統，能夠集中管理接單資訊、會計資料、庫存資訊等。

②由業務人員自己透過電腦或手機直接輸入資料，而非再用紙筆手寫。

高層最後接受了這個轉變方針。但可想而知，業務部門馬上表示強烈反對。由於這是一個傳統產業，業務人員年齡普遍偏高，因此當他們聽到「你們要自己動手用電腦輸入資料」時，立刻感到反感。

他們提出的理由聽起來煞有其事，比如「在客戶面前打電腦是很失禮的行為」，試圖用這樣的話術來混淆經營高層，但事實並非如此。

「基層業務人員根本不會操作電腦。」

「他們無法接受把自己不熟練、不堪的樣子暴露在客戶面前。」

這才是真正的原因。

只要看見成效，基層就會產生莫大的改變

當時，我提出了前面提到的「打字特訓」建議。

實際展開後，意外聽到許多坦率的心聲，例如「其實我一直對自己不會用電腦感到很羞愧」。

然而，訓練的成果出乎意料地顯著。短短幾週內，大多數人就已經能夠熟練地輸入接單資料，即使是在客戶面前也毫不慌張。

其實，每家公司或多或少都有「大家一起接受訓練」的文化，像是禮儀課程、接待技巧的講座等等。這次也是延續那樣的氛圍，導入打字訓練後，整體推動得相當順利。

其中一個關鍵做法，是我們刻意不把這次訓練說成是「學電腦」，以免讓基層人員感到難堪。訓練的內容只聚焦在「如何輸入接單資料」。

成效也立刻反映出來，基層的反應普遍正面。

「想不到，其實打電腦輸入資料比我想像中簡單很多。」

「工作現場需要即時應變，能馬上輸入或修改顧客資料真的很有幫助。」

「以前總部還會事後打來問東問西，其實也挺煩的，現在問得少了，我們的壓力也少了。」

同時，那些原本得手動將手寫單據逐一輸入不同系統的作業人員，也終於能把時間花在其他更有價值的工作上。

更重要的是，不再需要花時間解讀各個業務人員那「個性十足」的手寫文字，也不必每次都跑去問「這裡寫的是什麼？」對問的人來說是負擔，對被問的人而言也會多少感到不悅。

現在這樣的溝通困擾徹底解決，雙方都鬆了一口氣。

當大家親眼看到這些劇變時，原本對數位工具的抗拒幾乎一掃而空，甚至連曾經反對過的人也忘了自己原本有多抗拒。

也正是在這樣的基礎打好之後，企業的高層才終於能夠對業務主管下達明確的指示——「接下來，我們要開始導入數據管理。」

因為縮短工時改革本身絕對不能被「縮時」。

如果一開始就想偷吃步，高層直接宣布「我們要導入SFA（銷售支援系統）和CRM（顧客關係管理）！一次到位！」結果負責輸入資料的人根本不會用電腦，那根本就是緣木求魚。

最終的結果就會變成高層震怒：「這麼貴的系統，到底是哪個傢伙懶得輸入資料？」

接著只好靠壓力與恐嚇來逼大家配合……這完全就是本末倒置。

設定合適的KPI，讓基層累積成功經驗

前面提到，我們是透過讓基層親身體會成功經驗，來贏得他們的理解與配合。如果要用現在這時代的說法來講，其實就是「設立清楚的KPI，讓大家一關一關達成目標」

就如我先前所述，**縮短工時的成效可以用具體數字呈現**。比方說「某項業務比以前少花了幾分鐘」，也就是「可以量化」。因此，不管是改革的進展或卡關狀況，都可以用可視化的方式來追蹤，也就更容易設定KPI。

「成功說服客戶減少一半的報表提交量，每月的加班時數因此減少了八小時。」「導入RPA來處理非核心業務，整個部門的總工時降低了一〇%。」

像這樣逐步累積「具體成果」，基層才能真正認同這場改革。

重點在於，為組織與個人設定那些「不是遙不可及，而是只要稍微努力就能做到」的目標，讓大家一步步完成並感受到成就感，才能建立起正向的氛圍。

換句話說，在邁向最終目標的過程中，要像破關一樣累積KPI成就，例如：KPI①→KPI②→KPI③……每次過關都是成功經驗的累積。

而這樣的設計，對現在的年輕世代來說尤其重要。或許各位讀者很難想像吧，現在的年輕人，對「失敗」有極強的恐懼。他們不只怕丟臉，更認為**「花時間失敗」根本是浪費人生**。

因此，他們非常排斥那種模糊不清的指令，例如「這是你的目標，請自己想辦法達成」。

他們反而更傾向希望一開始就知道「怎麼做才會成功」、「要怎麼避免失敗」，最好就像打電玩有攻略一樣，事先把路線教清楚。否則他們會感到極度焦躁，甚至會不滿地表示「如果早點讓我知道會這樣，我就不用浪費那麼多時間試錯了」。

所以，與其一次丟出一個超大的目標，不如將它切分為一系列「幾乎不會失敗」的任務關卡，再讓他們一個個去突破。否則，他們提不起幹勁，你說的話他們也聽不進去。

不擅長設定目標的管理職

在推動縮短工時改革的同時，我們也應該培養主管階層建立一種新的習慣，也就是「將目標切分為清晰的小步驟，明確地指示部屬逐步完成」。

這並不只限於想要縮短工時的公司，其實多數企業的辦公室職員，本來就不擅長把目標拆解成小步驟來指導他人。

與其說是不擅長，倒不如說是「根本沒這方面的經驗」。因為就連他們自己本身都從來沒有被這樣具體指導過。從以前開始，他們接收到的指令只有「自己想辦法搞定」、「自己摸索」、「大家都是這樣一路硬撐過來」。

日本職場上的這種嚴苛風氣，其實與以前盛行的「終身僱用制」有關。日本企業對於員工，普遍採用「成員（member）導向」，而非將職責明確分工的「職務（job）導向」。

也就是說，在日本的職場文化中，高層期待的是「要在沒有明確指示的情況下，自行揣摩上司與組織的期待，主動行動」。

換句話說，如果只把上面交代的事情做好，在這樣的文化裡並不會被認為是「好員工」。反而極有可能被批評「這傢伙只會做被交代的事」、「老是在等指示」等。而當部屬主動詢問上司「該怎麼做？」時，可能還會被罵「別老是問，自己動腦想啊！」

但反過來說，若真的自己想辦法、依照自己的理解完成任務，又可能因為沒有符合「默契」而被責難。這種矛盾的狀況，在日本職場相當常見。

這整套體制之所以成立，是因為日本企業假設員工會長期在這個組織裡工作，彼此像家人一樣建立默契，久而久之「心有靈犀」、「不用說就懂」，這樣的「一體感」、「情感連結」被視為最寶貴的企業文化。

然而，如果企業希望下一個世代的年輕人才願意選擇這家公司作為職涯起點，那麼就必須改變這種前提。因為**現代的年輕人並不是以「當一輩子固定成員」為前提來選擇企業**。

「不用說你應該也懂吧？」、「自己想辦法搞定啊？」這樣的溝通方式已經行不通了。

除非企業能夠把目標切成具體、明確的小步驟，讓年輕人逐步完成並持續累積成就感，否則他們很快就會看破、選擇離開。因為他們會認為「這家公司對我的成長沒有幫助」。

這個世代最重視的，是「**走到哪裡都用得上的實戰經驗與技能**」，而不是忠誠與感情。

在網路與社群媒體上，所謂的「成功人士」們時常對年輕世代喊話「不要浪費時間」、「遠離對你沒幫助的人和公司」，年輕人每天都在被這樣的聲音轟炸，並不斷對照自己的處境。

在這樣的背景下，如果對他們說「多嘗試幾次就會成功」、「失敗也是經驗」、「久了你就懂了」這些話完全不管用。

新世代的主管，必須具備「能夠把任務具體拆解成小步驟，並清楚地給予執行指示」這樣的能力才行。

不設定「齊頭式平等」的目標

接下來，要提醒主管們一件在設定「小目標」時最容易犯的錯誤。

那就是採取「齊頭式平等」的設定策略。像是「不論內容、部門或人員狀況，通通一律削減一〇%的時數（或工作量）」這種做法，務必要避免。

身為主管，應該針對每位部屬的實際工作狀況，仔細地傾聽與了解，根據實情提出對策，再逐一設定合理可行的目標。

當然，對於習慣傳統管理方式的主管來說，可能會忍不住反駁「這樣太耗時間了吧！」、「不設定統一的目標怎麼算公平？」但事實上，齊頭式平等設定目標，在現代的組織內部溝通中，已經被視為是負面且官僚式的做法。

因為它讓人直接聯想到過去那些與基層脫節的決策模式——「又是那些不懂實務的高層，關在會議室裡亂定數字，根本不顧我們的工作實際情況」。

對於長年被經營高層們「放生」的辦公室上班族而言，「管理階層根本不了解基層」這件事，早已不是不滿，而是普遍共識。

這根深蒂固的「不信任感」，深植於每一位基層人員的心中。

那麼，在這樣的基層環境中，該如何才能贏得他們的支持並順利推動縮短工時改革？又該如何藉著改革，真正啟動企業體質的根本轉型？

如果我們還是在複製過去那種「全部一律減少一〇%！」的決策方式，無異於把過去的無知與無作為再次搬上檯面。結果只會讓基層更加反感，負責推動改革的專案成員也會陷入上下為難、進退兩難的處境。

改革要成功，管理的方式就必須徹底轉變。不是演戲，不是做樣子，而是真誠地了解每一位成員的處境，根據每個人的情況，**逐一設定「只要稍加努力就能達成」的個別目標**。唯有這樣，才有可能真正實踐改革。

鐵則7 用「結果」獲得認同 重點整理

①讓基層親身體驗「自己的工作時間真的縮短了」，這能促使基層更有意願協助進行改革。

②在導入IT工具時，必須以「員工不具備電腦技能」為前提來設計相關的施策與措施。

③無視基層人員個別的狀況，「齊頭式平等」的目標設定只會造成反效果。

鐵則 8

不要讓「內部控制」成為藉口

過度重視合規性的十五年

前面我們已經談了許多企業辦公室中，那種只會下達「自己想辦法」、「你自己搞定」這類模糊指示所造成的種種弊病。

然而，其實日本職場還深受另一個巨大怪物的束縛。那就是「內部控制」（internal control）。

當然，這裡所批判的並不是制度本身。

問題在於，這套制度在日本企業裡逐漸失去原有的意義，變成僅流於形式、成為消耗員工時間與精力的藉口。這才是真正該被檢討的問題。

二〇〇一至二〇〇二年間，美國爆發了兩件震撼全球的醜聞，分別是「安隆事件」、「世通（WorldCom）事件」。多家美國大型企業被揭露巨額財務造假，讓原本備受推崇的美國會計準則與審計制度信譽重創、名聲掃地。

受到這些事件影響，美國隨即制定了納入嚴格罰則的企業治理改革法案，也就是所謂的沙賓法案（Sarbanes-Oxley Act，簡稱ＳＯＸ法案）。

不久之後，作為「內部控制先進國」的歐美開始對日本施加壓力，警告說：「如果日本不跟進改革，我們將無法再信任其會計制度」。

尤其在美國，數家大型會計師事務所開始在日本企業提交的財務報表審計報告中，加入「警語條款」（Legend Clause），這也反映出審計機關對日本制度的信任危機與法律風險控管傾向。

日後，這在日本業界被稱為是「警語條款問題」，成為推動制度改革的直接催化劑。最終，在二〇〇八年導入了「日本版沙賓法案（J-SOX）」。

這項制度作為「金融商品交易法」的一部分，規定企業經營者必須提交與有價證券報告書併行的「內部控制報告書」，並附上由公認會計師或審計法人出具的審計證明，以強化財務報告的可信度。

從此開始，「公司治理」（Corporate Governance）、「企業合規」（Compliance）這些詞彙，開始在企業內部大量出現，逐漸滲入日常工作與組織語言當中。

值得一提的是，二〇〇八年同時也是iPhone首次在日本上市的年分。這十五年間，智慧型手機徹底改變了我們的生活方式，而我認為，內部控制制度也在這段期間內，深刻地滲透、改變了日本企業的運作方式與文化。

「容我帶回去再內部討論研究」成為官腔口頭禪

美國在二〇〇二年制定的「內部控制」是這樣定義的：旨在合理確保實現營運、報告及遵循法規等目標的流程。董事會、管理階層與其他相關人員應持續監督該流程。（以上引自美國全國詐欺防治委員會〔COSO〕。）

如果要用我的理解方式來說——所謂的內部控制，就是針對以下三個項目來設計業務流程（工作程序），並讓從高階主管到中階管理層、一般員工都能在日常中確實執行這些流程。

•營運（Operation）：日常業務。

•報告（Reporting）：財務報告，例如決算等。

•合規（Compliance）：遵守法律規範等。

也就是說，只要你確實遵守這些流程，上述三項就能順利運作。

這就是他們的設計理念，說穿了也就是一套非常合理的制度。日常工作按部就班地進行、遵守法律、正確地做出財務報告，完全是理所當然的事情。

那麼，這裡所說的「流程」又是什麼呢？具體來說，是指——

•上司對部屬下達適當指示；

•部屬依照指示執行；

•最後由上司對執行結果進行審核與承認。

這樣的一個循環。

這種來自美國的內部控制制度，本質上就是建立在「把工作細分後，明確地下達具體指示」這樣的管理風格之上。

反過來說，它完全沒考慮到日本職場傳統中那種「自己想辦法」、「別來問我」的管理方式。

嚴格來看，職場中這種「你自己搞定」、「別來煩我」的管理風格，可能根本就已經構成違反日本的《勞動法》了。

在日本的勞動法律體系下，與公司簽訂勞動契約的員工，必須在公司監督與管理權限之內，誠實地執行指示與命令。而公司則有義務對員工進行監督。如果公司「不下指令」、「不監督執行情況」，甚至「阻礙自己下的指令被執行」，那就可能構成違反監督義務。

但這種「可能已經違法的狀態」，卻因為經營者的漠不關心，在日本的辦公室中長期被放任不管。

在這個根本性的矛盾尚未被解決之時，受到歐美的壓力，日本不得不倉促引進根植於美國「職務導向型雇用制度」的內部控制制度，就像照抄作業一樣硬生生地貼上來。

那麼，這種情況下該怎麼辦才好呢？

這時候，日本職場的傳統必殺技就登場了——「演戲」模式，也就是「假裝自己有在做事」這種表面功夫。

「內部控制的表演」催生出大量的無意義作業

二〇〇八年施行的「日本版ＳＯＸ法案」給日本企業帶來的，並不是原本應有的「內部控制」，而是一場場假裝「**內部控制的表演**」。或許正是因為必須投入大量精力進行「演戲模式」，才成為「失落的三十年」後半十五年失敗的原因之一。

自從日本版ＳＯＸ法上路後，在「防止不正行為、加強控制」這種大義之下，大量的資料被製作出來——包含風險控制矩陣（Risk Control Matrix, RCM）、業務流程圖（Flow Chart）、以及作業程序書（Narrative）這三項核心文件（俗稱「三件套」）。同時，為了達成「控制」的目的，也訂定了更多繁瑣複雜的規章制度。

然而，實際上這些規章制度很快就名存實亡。

中國有句話叫「上有政策，下有對策」，而在職場的作業現場，「對策」源源不絕地被創造出來。**原本應該具有效力的「規則」，就這樣被一條條「對策」給架空了**。

規則：「員工在開始新的業務前，必須取得主管事前批准。」

對策：「每個月月底，統一補做月初日期的簽呈，內容直接寫上：『主管已批准』。」

規則：「主管在批准時，必須在簽呈上蓋章。」

對策：「每月月底由某人統一代為『不看就蓋』大量蓋章。」

顯而易見，這根本沒有任何實質上的控制效果。

但內部稽核團隊只要看到文件齊備、形式正確，就會拍拍屁股走人，還會向監察員回報說：「內部控制運作良好」。

正因為這樣一套毫無意義的儀式，才讓「毫無意義的紙本文件製作」這種作業，在全國辦公室如雨後春筍般誕生。

當然，我並不是要說，所有與內部控制相關的工作都是「無意義作業」。不過這些「內部控制的表演」，的確對日本職場造成了巨大傷害。

原本，內部控制的目標之一應該是讓日常業務更有效率、更有成效。然而，這些「有效率」與「有成效」的初衷卻完全被拋在腦後，只剩下形式上的「依規辦事」。

而當職場的基層們終於意識到這個現實時，早已無法回頭。因為現在誰都不能再公開質疑這些流程，否則就會被扣上「違反公司治理與法規遵循」的大帽子。

即使基層員工對著經營高層喊話：「這已經是過度遵法（over-compliance）了！」經營高層也無能為力。

畢竟，根據法律，董事會要為內部控制的運作負起全部責任。那些在公司各部門裡搖身一變、成為「統制權威」的負責人們，沒人敢對他們說：「能不能放水一點？」

說到底，這一整套制度就是從美國「職務導向」體系中硬生生地拷貝過來的。連經營高層自己都心知肚明這根本不合日本實情，只能無奈地說：「拜託啦，就麻煩你們搞定一下吧！」然後通通丟給各部門自生自滅。

也就是說，日本企業的經營高層，其實已經兩次對辦公室的「工作方式」放任不管。

第一次是從戰後到高速成長期，企業重心集中在提升工廠生產力的時代。

第二次則是十五年前，硬是把內部控制制度塞進職場的那一刻。

因為一開始就知道這是「硬套上去」的東西，所以當員工提出「為什麼我們要做這種毫無意義的儀式？」時，公司也根本給不出合理的回答。

而員工也明白，如果不懂得「察言觀色」，貿然說出這種話可能會讓自己陷入危機，因此沒有人再敢輕舉妄動地質疑這些流程。

就這樣，「失落的三十年」的後半段，成了被迫進行「內部控制表演」的十五年。

不是性善說或性惡說，而是「性弱說」

近年來，在政府的主導下，「職務導向」僱用制度的推廣有所進展。但這種職務導向模式是否真的能夠在全國各地普及，仍未可知。

正如我前面提到的，日本職場中並沒有「具體指示工作內容」的習慣與經驗。日本從來沒有培養過能夠清楚下達工作指示的管理者，而是以「不需多說也能完成任務」的員工培養方式為主。

這正是長年來日本企業所奉行的「成員導向」僱用制度。

這種雇用型態，說穿了就是建立在「信任」與「安心」之上的一種「村落型社會」。這個職場裡的人們都是「善良的成員」，即便沒有明確指示，也能把工作處理好，而且大家彼此都值得信任。

為什麼可以這麼信任？因為那些「不值得信任」的人，早就被這個村落排除在外了。正因為如此，村內留下來的都是「值得信賴的人」。這樣的邏輯，一直在日本企業中暢通無阻。

這也就是為什麼「內部控制」在日本企業中成為一場空洞的「表演」，其根本背景正是這種建立在「成員導向」僱用制的「性善說」。一開始就預設「我們的成員不可能是壞人」，因此當然「應該」也不會有人挪用公款、竄改數據、或是做假帳。

相對的，我認為歐美的內部控制，其實是基於一種「性弱說」的思維。這裡所謂的「性弱說」，意思是：

「人類本質上是脆弱的，只要條件具備，任何人都有可能墮入黑暗面。」

這樣的觀點背後，或許受到了一神教（如基督教）文化的影響。像是「除了造物主之外，沒有完美的存在」，或「我們都是被造物主驅逐出樂園的始祖亞當與夏娃的後裔」這類的認知。

這種「原罪」的概念在日本文化中本來就不存在，所以即使照字面翻譯，也無法直接套用在日本的職場環境中。

「性弱說」的觀點認為，不論是員工、管理職，還是公司高層，只要是人，就是脆弱的。正因為是脆弱的存在，只要某些「條件」被滿足，任何人都可能做出不該做的事。

這裡所謂的「會讓人做出壞事的條件」，有四個要素。

①**動機**：例如身陷債務、或交往中的另一半需要大筆開銷等情況。

②**機會**：例如自己一人掌握財務，沒有人關心或監督，就算「暫時借用」公司資金，也沒人會發現。

③**正當化理由**：例如「公司把財務工作全推給我，卻只給我這麼低的薪水，從公司『借點錢』根本是理所當然。」

④**實際的對象**：例如銀行存摺、印章與金融卡全都交由一人保管。

上述①②③三項，也被稱為「不正行為的三角理論」（Fraud Triangle），是廣為人知的概念。當這四個條件湊齊時，任何人都可能做出壞事。

沒錯，是「任何人」。

正因為如此，組織有責任設計制度來避免這四項條件同時成立，防止成員墮入黑暗面。尤其是其中的「②機會」——意即「沒人看見的環境」，必須盡可能避免這種狀況，因此才需要成員之間的互相監督。

「監督」這個詞也許聽起來刺耳，但實際上更像是彼此「守望」。**目的不是互相猜疑，而是為了讓彼此不會變成「加害者」**。這也正是組織經營者的責任所在。這，就是歐美內部控制制度的基本想法。

但日本的職場卻完全不同。因為日本企業的職場一直是根據「我們的成員都是善良的人」這個前提來運作。

在這個模式下，如果有人做了壞事，就會失去成員資格（遭到排擠或者被逐出「村落」）。而只要是理性的人，就不會為了那麼大的風險去做壞事。如果真的有人敢做壞事，那肯定是極端惡質的異常者。而我們彼此都不是那樣的人。

所以，當你對著那些每天都在這種「安心」氛圍中工作的同事，說出這樣的話時——

「不只是社長與員工，就連你我，只要四個條件湊齊，也可能做出壞事。」

「正因為如此，我們才需要建立互相守望的制度，好好珍惜彼此。」

你很可能立刻就會被猛烈批評——「你竟然懷疑自己的同事！？」

在日本這種成員導向的體制之下，美國式的內部控制制度自然格格不入。但又不能不做，所以只好在這十五年間不斷地「演戲」。

正在變成永久凍土的內部控制

二〇〇八年，美式內部控制制度硬生生地嫁接到日本企業各家的文化土壤上，而後的十五年間，一場場表演如同降雪一般不斷堆積。

這些雪如今早已被凍結，變成僵硬難動的「凍土」，緊緊束縛住整個企業。

在這樣的企業裡，想要改變工作流程，簡直是一件了不得的大事。基層人員或許心裡很清楚「其實改一改也沒什麼問題嘛」，但問題是——他們必須向內部控制負責單位做出解釋。

正因為這樣，他們往往會選擇「算了，還是別改了」。

但這並不只是因為「太麻煩了」這麼簡單。

「萬一被內部稽核室盯上，被當作是『反叛分子』可就麻煩了。」

「我可不想讓社長或監察員覺得我是『不遵守控制制度的員工』。」

這些反應背後，是一種類似「不要觸碰神明就不會遭天譴」的恐懼心態。

在這樣的企業裡，如果想為了縮短工時而修改或精簡工作流程，就必須由老闆／社長（或由經營高層領導的改革團隊）出面，代替基層人員與內部控制團隊進行協調與對話。

改革團隊必須代替基層人員，具體證明即使精簡流程，內部控制依然能夠維持正常運作。

不過，這裡有一個重要前提：改革團隊不能只是半吊子的代言人，單純拿著基層的意見或期望就貿然出頭。

因為這些變更，很有可能一路被通報到監察員，甚至外部的會計師那裡。為了讓改革能夠站得住腳，改革團隊也必須借助外部專家的力量。

「重要性」：能省的地方，應該省

當企業在尋求外部專家協助時，有一個絕對不能忽略的選擇標準，那就是——能夠準確告訴你「哪些地方可以放心手下留情」的專家。

不只是內部控制領域，真正優秀的專家都會明確劃出一條界線，例如「這一段範圍必須嚴格執行」、「從這裡開始則可以由公司自由調整、彈性處理」。

這背後涉及到一個在企業會計與審計領域中極為關鍵的概念——「重要性」（materiality）。簡單來說，就是**判斷資源該投入到哪裡、哪裡可以適當取捨的那條「界線」**。

企業會計的規則包山包海，從每一筆交易的帳務處理，到對外部股東與債權人的資訊揭露，範圍極廣。企業不可能對所有規則都一視同仁、逐條落實，因此就需要依據「重要性」的標準，來決定資源分配的優先順序。

真正的會計或審計專業人士會告訴你，「重要性」代表的是企業不必為了每件小事耗費大量成本的界線。換句話說，「**能省的地方，不只是『可以省』，甚至是『應該省』**」。

這個概念，對於在企業內部在推動縮短工時改革與內部控制協調兩者並行時尤其重要。

但若只是靠內部的非專業人士自行討論，沒有引進真正的專業意見，那麼就不可能正確地判斷出到底哪些地方可以合理地「放掉、不用做」。

這種情況下的發展，往往就是「保險起見，這個流程也做一下吧」、「以防萬一，這份文件也先備著好了」像這樣不該做的也做，該簡化的也沒簡化。

最後的結果就是，該找外部專家來幫忙劃界線的地方反而偷懶，什麼都想靠內部成員自己解決，最後反而無法做出正確且必要的取捨。

這正是日本辦公室在成員導向僱用制度文化下的弊病之一，也成了內部控制淪為表演做戲的原因。

這也跟日本家電因「規格太好卻不實用」（over spec）反而輸給外國品牌的情況如出一轍。

內部控制人員其實也想追求效率化

其實，負責內部控制的同仁們，對於自己在公司裡被視為「麻煩製造者」、甚至被當成「壞人」的處境，早就感到非常厭倦了。

因此，請身為經營者的你，務必主動與他們對話、真誠面對。

你很可能會聽到他們一開口就訴苦──「縮短工時改革推不動，全都變成是我們法規稽查部門的錯。」

而內部控制負責人，通常不可能主動跳出來說「這條規則其實太超過了」、「我們根本沒要求大家做到這種地步」。

他們始終處在一個尷尬的位置，只能被動地等著來自基層的聲音，例如：「為了縮短工時，這段流程能不能簡化一下？」、「那項作業是不是乾脆取消比較好？」但如果基層遲遲沒有聲音，他們也無從採取行動。

所以這時候，經營者就必須主動出面，與外部專家合作，幫忙替內部控制團隊「背書」，推他們一把。

只要讓內部控制部門主動釋出善意，例如——「對於沒有問題的項目，我們會明確表示『沒有問題』，其實我們也想推動縮短工時改革啊！別怕（笑），來跟我們聊聊吧！」

這麼一句話，就能讓原本戒心十足的基層人員臉色一變，態度也軟化下來。當大家不再害怕「一改流程就會被內部控制這隻怪物吃掉」的時候，公司內部就會開始出現許多建設性的改善提案。

那些被內部控制的永久凍土給凍得死氣沉沉的組織，最需要的就是點燃第一把火的人。而要擔任這個角色，善用外部專家的力量，是一個非常有效的手段。

電子同步簽核系統

這裡舉一個在內部控制的前提下，「合理偷懶」的實例，那就是「電子同步簽核系統」。

一般的簽呈流程，大多是「由承辦人起案↓中階主管核可↓高階主管核准（即完成決裁）」依照職位階層，由下往上逐層簽核。

如果只牽涉到單一部門，這種流程尚可接受。但一旦牽涉多個部門，流程就可能變成這樣——

A部門承辦人起案↓A部門中階主管簽核↓A部門高階主管簽核↓

B部門承辦人確認↓B部門中階主管簽核↓B部門高階主管簽核↓……

E部門承辦人確認↓E部門中階主管簽核↓E部門高階主管簽核↓

最終決裁完成。

整體流程就像一條「長蛇」，極為冗長。

舉例來說，假設A部門是實際作業單位，B、C、D部門分別是是總務、資訊、會計等後勤單位，而E是內部控制部門。

這樣的流程設計，不僅沒有任何優點，還有兩個明顯的致命缺點。

首先，極為耗時。只要B部門延遲簽核，C、D、E部門甚至連簽呈都收不到。雖然公司內部常會私下流傳「拖件主管黑名單」，即便如此，這些黑名單主管也幾乎不會因此被降職或懲處。

在長期缺乏經營高層積極介入的職場文化中，拖件這種程度的小事，根本不會被當作績效問題。結果就是，那些拖延作業的主管年復一年地被默默放任。

第二個大問題是，只要其中一個部門退件，整個流程就得從頭重來。

為了避免這種狀況，A、B、C、D、E部門的承辦人會在正式送簽前，先私下開個小會，逐項檢查並排除可能出錯的部分。當五個部門的主管都點頭通過之後，A部門的承辦人才會將簽呈送上這條冗長的單線簽核流程。

也正因為大家都心知肚明這種幕後作業，所以各部門的主管們多半只會「不看即簽」，走個形式、蓋個章，流程就這麼過了。

既然實際上是這樣運作，A部門的承辦人再依序送件給各部門主管審核，其實已無實質意義。

更有效率的做法應該是，由A部門的承辦人在簽呈中明確註明「已經過B、

C、D、E部門承辦人確認」，直接同步送件給ABCDE所有部門主管審核，一次完成決裁。

推薦設定：「三個工作日內，系統將自動批准」

前面提到的「電子同步簽核系統」，是一種由起案人同時將簽呈送至所有需要批准的單位的流程設計。如果想讓這套機制發揮最大效益，建議結合「三個工作日內，系統將自動批准」的設計一併實施。

這裡所謂的「自動批准」制度，其實是根據資訊系統中常見的「選擇加入」（OPT-IN）與「選擇退出」（OPT-OUT）兩種模式來發展。

- OPT-IN型：主管必須明確執行「批准」動作，例如蓋章、簽名、點選按鈕，簽核才成立。
- OPT-OUT型：除非主管主動退件或要求修改，否則系統預設視為已批准，並自動通過流程。

所謂「三個工作日內，系統將自動批准」的意思是：當A部門承辦人將簽呈同步發送給所有主管後，只要在三個工作日內沒有主管提出退件或修改要求，系統就會自動視為該主管已同意簽核，流程自動完成，同時該主管也需承擔相應的簽核責任。

不難理解，目前多數企業仍採用傳統的OPT-IN流程。只要其中一位主管動作稍慢，整體流程就會陷入停滯。尤其是在大型組織中，一個簽呈可能要蓋上十幾個主管的章，才能完成流程，效率之低可想而知。

而美式內部控制制度的基本原則之一，就是清楚區分申請者與審核者的角色。制度的前提是：審核者應具備立即能夠判斷「同意或不同意」的專業能力與訓練背景。

在歐美企業中，像MBA這類專業訓練的資格證明，就是晉升的代表憑據。因此擁有資格證明的人，往往能在年輕時就擔任主管或高階經理；相對地，沒有的人則很難僅憑資歷晉升。

反觀多數日本傳統企業，主管職通常是依照年資、靠著終身雇用制與年功序列制輪流擔任。真正設有嚴格升遷考試的企業相當稀少，大多數公司不過是安排個「五天四夜的主管研習營」，就算完成訓練。

因此，主管本來就不被期待具備審查每一份簽呈內容的能力，更遑論能細心查核潛藏風險。

畢竟，在終身雇用體系下，公司成員理應都是「不會背叛組織」的人。

在這樣的組織文化中，主管的任務並不是審核簽呈本身，而是維持團隊的安心感與信任氛圍，確保不會有人突然出現「變節行為」。

因此，不看簽呈內容就直接蓋章，甚至交由部屬代蓋，也早就見怪不怪。

既然現實狀況如此，我們更應該正視制度設計與實務操作的落差，積極考慮導入「電子同步簽核 × 三個工作日內自動批准」的組合機制，提升整體流程效率並減少時間的浪費。

「電子同步簽核」成為識別專業人士的過濾器

電子同步簽核系統在內部控制的角度下完全沒有問題。你不妨試著向基層的同仁提出以下的建議：「如果我們把簽核流程改成電子同步簽核系統，你覺得如何？」

這個提問本身，就能成為一種辨別誰真正理解內部控制的過濾器。那些對內部控制不了解，卻盲目害怕的人，往往會自動現身，並提出一連串與實務無關的反對理由，這些特徵很容易辨識。

「萬一不小心漏看，被系統當成自動批准怎麼辦？」

「你是說每一件簽呈我都得一字不漏地看完？」

如果這些人正是公司派去應對外部客戶的代表、遞上名片的「高層人士」，同時也是在組織裡擁有決策權的人，你是否還能容忍這種現況永遠存在？要推動從「縮短工時改革」開始的全面變革，這就是一個無法迴避的問題。

反之，提出同步簽核制度的同時，也有可能發掘出真正值得組織信賴的主管人才。

「我一直以來都對每一份簽呈仔細審閱，該通過的就通過，該退回的就退回。你現在這樣的提案，是不是在否定我的工作態度？」

若有人會這樣反擊，那麼他極有可能是能讓你的內部控制系統重獲真正意義的人才。請務必與這樣的人好好面對面溝通，深入對談。

推動時短改革，不只是為了省時間，而是為了解除那些長年將公司凍結住的「內部控制魔咒」。

也唯有如此，企業才能真正重新喚回本來就具備的潛能與活力。

鐵則8　不要讓「內部控制」成為藉口　重點整理

①日本導入內部控制制度已經超過十五年，結果卻導致許多不必要的紙本與行政作業大量增加。

②內部控制制度的原始背景在於，人性既非本善，也非本惡，而是脆弱。只要條件具備，任何人都有可能做出違法或不當的行為，這樣的認知才是制度設計的核心。

③「電子同步簽核系統」不僅能提升效率，也是一個測試管理職是否真正理解內部控制核心意義的有效方式。

結語

在縮短工時的另一端，看見全新的企業未來

首先，非常感謝您閱讀到本書的最後。

書名中所用的「鬼」，不僅有「嚴苛」、「強力」的意思，也蘊含著「超越常規」的象徵。

如同在本書開頭所說的，「鬼一般的縮短工時」不是光靠幾個技巧就能達成。但這並不代表，只有天才雲集的組織才有能力完成這項改革。

如果你曾經想過——「我們公司根本沒有適合推動縮短工時改革的人才。」那麼在你下這個結論之前，作為領導者，你要做的第一件事，就是讓大家看到你自己變成「改革之鬼」的模樣。

這次的縮短工時改革，我無論如何也要完成！

如果現在還跟以前一樣迎合基層、連縮短工時都做不到，那就更別提後續的

業務轉型、企業改革了！

如果我無法改革，那我就只能和那些「堅決反對改革派」一起走向衰退。我絕對不願成為那樣的企業領導人！

當你帶著源自「私心」的強烈意志成為改革之鬼，員工們就不會再認為：「啊，老樣子，社長又在說漂亮場面話」。

沒錯，這本書從頭到尾重複傳達的主軸只有一個——藉由縮時改革的契機，向員工展現一次管理者真正不說謊、不掩飾的經營態度。

在這個謊言終將被揭穿的時代

時代已經變了。過去，謊言或許曾是企業經營中不得不的「必要之惡」，但現在，每一個謊言最終都會被揭穿，攤在陽光下。

來自內部、合作夥伴、乃至於社會大眾的檢舉，只要透過SNS，一瞬間就能擴散全網。對年輕求職者來說，充滿謊言的公司形象，也會以「鬼一般的速度」迅速傳開。

但反過來說，一間公司若以「誠實正直」著稱，其正面評價與口碑也會超快速傳播。如果你能讓員工、合作夥伴、顧客、股東、債權人，乃至政府與地方機構，都感受到「這家公司從不說謊」，那麼這種價值觀本身，也會成為企業長期發展的資產。

這正是日本企業家澀澤榮一先生在《論語與算盤》中所提倡的理念，終於在這個時代真正實現。

同時，近十年來的各項政策也清楚顯示了產業轉型的趨勢。東證的《公司治理守則》、金融廳的《日本版盡責管理守則》、經濟產業省提出的《伊藤報告》與《伊藤報告人才版》等，這些政策方向都一致指出，能夠建立正當治理的企業，才是資金與人才會集中流入的對象。

不論是法人還是個人，「誠實」與「倫理」，才是最低成本的經營方式。不只是經費、人力，連資本成本也一樣。

相反，一旦在網路上被貼「不誠實、不道德」的標籤，代價將極為沉重。

即便對經營或投資不太熟悉的大眾，也能很清楚地分辨出「這家公司很老實，經營也非常有原則。」如果能將失敗、失誤公開透明地說明，不隱瞞、不掩飾，即便笨拙、不夠圓滑，也遠比被貼上「說謊、不實」的標籤來得好。

換句話說，如今的日本產業界，所面對的已經不只是人才短缺而已。而是一場空前的「去黑化浪潮」，一個「白淨優先、誠信至上」的時代已經到來。

也正因為現在是這樣的時代，作為企業領導人，你正好擁有一個絕佳的機會，以「誠實而白淨的私心」，對過去的傳統經營模式進行一次自我反省。甚至可以說，這可能是你能夠做出改變的最後一次機會。

但話說回來，如果突然全盤否定過去，也難免讓人無所適從。

這時，最好的切入點，就是這場以《鬼速縮時》為名的改革！

現在的日本企業高層，大多是五十至六十歲這一世代。他們多半沒有親身經歷戰後的激烈勞資糾紛，或是企業主被群眾公開指責的年代。

在「勞資和諧」的口號下，直到十年前，絕大多數人都還將「被公司雇用」

視為理所當然，並透過對組織的奉獻，找到自身的工作意義與價值。

其中不乏不少人，即便身為員工，仍懷抱著「我想讓公司變得更好」的信念，默默努力奉獻。

但如今的就業市場早已不同，無論哪個產業、哪間公司，都正面臨人力不足的困境。沒有人力、也沒有時間可以再浪費在「無意義作業」上。

在「自淨經營」的時代，縮短工時是基本責任

在 ChatGPT 等生成式ＡＩ技術日益成熟的今天，透過自動化工具（如先前提到的ＲＰＡ）來達成「少人力、低工時、高效率」的目標，對經營者來說已經不再是「選項」，而是「義務」。

本書反覆強調的核心觀點之一是，**縮短工時，絕對不是靠基層員工的「忍耐」或「智慧」來達成**。這是一項應由企業主負責推動，並以制度方式提供的義

務型待遇。

然而，光是如此仍然不夠。要想成為在勞動市場上能被優秀人才選中的企業，必須積極展現自己的「白淨姿態」。

再也不能像過去那樣，把縮短工時改革丟給基層，口頭說著「縮短工時吧」、「把你們浪費的時間條列出來」就了事。這種態度本身就是黑的，早已無法自稱為「白」。

因此，企業領導人應以行動展現「擺脫傲慢」的決心，從時短改革出發，推動一場真正的白淨企業轉型。

請勇敢承認過去的盲點，並謙遜地對內外宣示——

「我們過去其實並不真正理解這些問題，真的很抱歉。」

「從現在起，我們將結合經驗與客觀數據，做出全面性的判斷，全力協助員工與合作夥伴發揮最大的潛力。」

當企業最高領導人以這樣的姿態對基層表達誠意，就是重啟整個經營方針的第一步。

「現在把日本重新洗一遍。」

江戶幕府末年的志士坂本龍馬，曾以這樣的祈願寫信給姊姊。

對於今日的企業領導人來說，現在這個時刻，二〇二五年，正是以《鬼速縮時》為起點，「清洗」你的企業、重塑經營的最好時機。

獻辭

謹向所有曾經參與電通勞動環境改革的同仁們，致上最深的敬意，並誠摯感謝各位當年給予的指導與鞭策。由於多數相關人士目前仍任職於電通及其他相關企業，除了山本敏博前社長之外，敬請允許我不公開其他人士的姓名。

同時，也感謝我獨立後，以顧問身分合作的企業經營者們所提供的課題。在疫情期間依然視危機為轉機、毅然決定推動改革的經營者身上，我學會了什麼是「白淨而誠實的私心」。

由我創辦並且擔任代表的ＡＢ社（Augmentation Bridge股份有限公司），在這裡與我一同經歷甘苦的夥伴——阿部滿、植松織江，以及仲野久美子，在本書製作過程中辛勞無比，謹向各位再次表達衷心感謝。

最後，我將本書獻給已故的父親．晟。

身為一位專業的銀行員，父親始終站在客戶企業家的身旁，扮演最堅定的陪跑者。自我年幼時起，他便經常與我談論「企業的生產力是什麼」、「工廠的品質管理應該如何進行」、「什麼才算得上是正派的經營」……這些都是活生生的經營學。

父親在平成時代最後一週辭世，而我始終相信，他如今已轉生於令和時代的日本。或許在不久的將來，那個繼承他靈魂的少年或少女，將以更進化的姿態拿起這本書，點燃「重新洗滌這個世界」的熱情。

鬼速縮時——「約翰．P．科特的成功變革八階段」整理

對應「約翰．P．科特的成功變革八階段」重點整理

企業或組織要推動改革（不限於縮短工時），必須按部就班地跨過幾個重要階段，才能成功達成轉型。

在企業變革管理領域中，被視為權威的美國哈佛商學院榮譽教授，約翰．P．科特（John P. Kotter），提出了「變革的八個加速階段」（The Eight Accelerators）。

這裡將本書所說的「企業領導人應該做的事」，依據這八個階段整理如下（階段名稱的翻譯由作者小柳肇先生所定）。

各家企業的改革進度可依實際情況彈性調整，不過大致而言，第①～③階段每個階段建議花費時間約兩個月，共六個月作為起步期，第④階段後則進入長期推動與深化。

4.向全體員工發出協力邀請	對於員工的疑慮與抗拒，領導者不應輕率地視為「偷懶」或「員工心態不正」，而應深刻反省自己是否陷入過於簡化的思考模式。（鐵則2）
	在推動縮時改革時，務必強調這並非為了節省人事成本，同時承諾若因工時縮短導致加班費減少，將透過獎金或其他形式予以補償。（鐵則2）
	絕對不能出現的用語（NG 語彙）： 1.「具體措施請你們自己想。」 2.「會有很多問題，但總之你們想辦法搞定就對了。」 3.「我知道很困難，但困難的事就是你們的工作。」（鐵則1）
	在拜託員工協助改革時，須明確表示若因縮時而與客戶發生爭議，將由自己親自處理，絕不會把責任推給現場，也絕不會說出「你們自己想辦法搞定」這種話。（鐵則5）
	要親自與各部門的「基層頭兒」面談，切記不要要求他們「站在公司立場幫忙說服其他員工」，這會立刻破壞信任基礎。（鐵則3）
	安排逐部門的說明會時，最好由自己親自出面說明，如需指派代理人，也要慎重挑選合適人選。簡報內容務求精簡，保留六〇%時間給員工發問與交流。（鐵則3）
	改革推動前，應請全體員工協助記錄並回報各項業務流程所需的時間。此舉的基本態度應為「肯定現場的一切」，「如果真的有不必要的流程，那是經營高層的責任。」千萬不可說出「你們自己列出多餘的無效作業」這種失言。（鐵則4）

（接續第249頁）

<table>
<tr><th>約翰・P・科特的
變革八階段</th><th>《鬼速縮時》鐵則</th></tr>
<tr><td rowspan="2">1.向全體員工傳達危機感與緊迫感</td><td>用自己的語言來表達改革的決心與動機，也就是真實的「私心」。（鐵則1）</td></tr>
<tr><td>透過各種正式與非正式的場合，不斷重複一致的訊息，讓改革理念真正傳達到每位員工心中。（鐵則1）</td></tr>
<tr><td>2.組成強而有力的「改革推動小組」</td><td>對於過度積極主動想加入改革團隊的人，不可毫無戒心。不能無條件讓對方輕易加入。（鐵則3）</td></tr>
<tr><td rowspan="2">3.在小組內制定變革願景，明確列出該做與不該做的事</td><td>作為領導者，應牢牢掌握改革的願景與方向，並可選擇與「改革推動小組」進行充分共享。但在向員工說明時，應避免過度強調改革的「本質價值」，以免產生過度抽象或距離感。（鐵則6）</td></tr>
<tr><td>比起全盤導入美式企業的「完全變革」思維（意即轉型），更應思考如何擴展自家企業原本既有的強項，以實際可行的方式推動改革。（鐵則6）</td></tr>
<tr><td rowspan="2">4.向全體員工發出協力邀請</td><td>溝通訊息的三大重點：
1.明確承諾將由高層主導提出具體改革措施。
2.承諾所推動的措施，不會仰賴員工過度努力來換取成果。
3.即使改革由上而下推動，也會設定明確時限（例如兩年內），不會無止盡延續。（鐵則1）</td></tr>
<tr><td>應誠懇呼籲員工，千萬不要「陽奉陰違」。（鐵則1）</td></tr>
</table>

<table>
<tr><td rowspan="3">6.讓員工親身體驗小規模的成功</td><td>應優先讓員工實際體驗能夠快速見效的改革措施。即使為此初期需要投入較高成本，也應視為為了讓改革順利啟動所必須的投資。（鐵則7）</td></tr>
<tr><td>改革所設定的KPI應盡可能細分為可分階段完成的目標，並設計成每一步都能靠少量努力就達成的形式。（鐵則7）</td></tr>
<tr><td>避免在全公司或部門內設立統一的 KPI 指標，尤其是牽涉到刪減作業或資源時，像是「一律減少〇〇%」這類的目標設定，往往會造成反效果，是下下之策。（鐵則7）</td></tr>
<tr><td rowspan="2">7.持續強化與加速改革進程</td><td>對於企業內部的業務作業，應依以下順序進行檢討：
1.是否可以透過AI或RPA等技術自動化，或者外包？
2.是否可以取消某些作業流程、合併流程，或簡化操作步驟？
3.是否能夠直接廢除這項業務本身？（鐵則5）</td></tr>
<tr><td>對於與外部單位共同進行的業務合作，則應依下列順序檢討：
1.是否能夠直接取消這項合作業務本身？
2.是否可以透過自動化或外包方式處理？（鐵則5）</td></tr>
<tr><td>8.將變革後的「新工作方式」制度化、常態化</td><td>降低錯誤率本身當然是最好的縮時對策，但應優先從「錯誤發生後的處理時間縮短」著手。待這部分流程優化完成後，再進一步探討如何從根源杜絕錯誤的發生。（鐵則5）</td></tr>
</table>

（接續第250頁）

5.清除改革過程中浮現的各種阻礙	必須真誠尊重那些長年以來不被制度拖垮、仍努力撐住基層的員工，承認他們的責任感與氣度，絕不可否定他們的付出與歷程。（鐵則2）
	應預先有心理準備：不是所有的董事與員工都能跟得上改革。因此，應在初期階段就同步啟動自願退休制度或優退計畫的規劃與準備。（鐵則1）
	對於高階主管中表面順從、實則陽奉陰違的行為，應果斷處理。並向全體員工明確表示：針對幹部階層的消極抵抗，歡迎透過內部通報機制反應。（鐵則1）
	別忘記，組織裡確實存在一些員工，只是因為「不擅長使用電腦」，卻會編出別的理由來抵制數位轉型。對於那些願意跟上改革步伐的員工，應提供不讓他們在公開場合「難堪」的支持性措施與配套。（鐵則2）
	改革過渡期所出現的操作失誤，應由公司負起全部責任。同時明確告知員工：只要錯誤沒有被刻意隱瞞，而是即時通報，公司將全力支持與承擔。建立完善的錯誤通報機制，讓基層人員有安全感、不必擔心被責備。（鐵則5）
	可請內部控制團隊主動釋出「支持改革」的訊息。對於那些以錯誤的內部控制知識作為藉口、抵抗改革的員工，應由經營高層與內部控制團隊聯手應對。 同時，也可以強化對內部控制團隊的外部顧問支援，提升其專業判斷與說服力。（鐵則8）

8.將變革後的「新工作方式」制度化、常態化	徹底排除日本職場常見的「毫無根據的性善論」思維，以「任何作業皆有可能出錯」為前提，建構檢核機制。同時，營造「即使出現錯誤也不可恥」，「能早期發現錯誤並主動通報，是值得肯定的行為」這樣的氣氛。（鐵則5）
	應由高層主動提案將內部簽核流程改為「電子同步簽核系統」，以改善長期延宕、缺乏效率的流程結構。（鐵則8）

國家圖書館出版品預行編目（CIP）資料

鬼速縮時：世界最大廣告公司電通實戰 8 鐵則，砍掉 60% 超時工作，打造極速高效團隊！／小柳肇著；黃怡菁譯 . -- 初版 . -- 新北市：方舟文化，遠足文化事業股份有限公司，2025.05
256 面；14.8×21 公分
ISBN 978-626-7596-72-2（平裝）

1.CST：工作效率　2.CST：企業管理　3.CST：組織管理

494.01　　114002308

職場方舟 0035

鬼速縮時

世界最大廣告公司電通實戰 8 鐵則，砍掉 60% 超時工作，打造極速高效團隊！

作　　者　小柳 肇
譯　　者　黃怡菁
主　　編　張祐唐
特約編輯　丁　尺
封面設計　張天薪
內頁設計　陳相蓉
行　　銷　林舜婷
總 編 輯　林淑雯

出 版 者　方舟文化／遠足文化事業股份有限公司
發　　行　遠足文化事業股份有限公司（讀書共和國出版集團）
231 新北市新店區民權路 108-2 號 9 樓
電話：（02）2218-1417　傳真：（02）8667-1851
劃撥帳號：19504465　戶名：遠足文化事業股份有限公司
客服專線 0800-221-029　E-MAIL service@bookrep.com.tw
網　　站　www.bookrep.com.tw
印　　製　呈靖彩藝有限公司
法律顧問　華洋法律事務所　蘇文生律師
定　　價　420 元
初版一刷　2025 年 5 月